AF360800

ENCYCLOPÉDIE DES CONNAISSANCES AGRICOLES

A. ROLET et Ed. RABATÉ

Les Essences
et les Parfums

Essence de Térébenthine

· HACHETTE & Cⁱᵉ ·

1 fr. 25

Ad. WURTZ

DEUXIÈME SUPPLÉMENT

AU

DICTIONNAIRE DE CHIMIE

PURE ET APPLIQUÉE

PUBLIÉ SOUS LA DIRECTION DE

CH. FRIEDEL
Membre de l'Institut
Académie des Sciences
(Lettres A à H)

C. CHABRIÉ
Chargé de cours à la Faculté
des Sciences de l'Université de Paris.
(Lettres H à Z)

AVEC LA COLLABORATION DE MM.

V. Auger — E. Baud — G. Baume — M. Billy — A. Binet du Jassonneix
G. Blanc — A. Bouchonnet — L. Bourgeois — A. Bouzat — R. Cambier
P. Carré — Mme C. Chabrié — L. P. Clerc — G. Darier — E. Defacqz
M. Delacre — M. Delépine — A. Ditte (de l'Institut) — H. Duval
A. Fernbach — H. Fonzes-Diacon — R. de Forcrand — P. Freundler
G. Friedel — J. Friedel — A. Gautier (de l'Institut) — H. Giran — A. de
Gramont — A. Granger — M. Guichard — Ph. A. Guye — A. Haller
(de l'Institut) — J. Hamonet — A. Hébert — E. Lambling — Ch Lauth
J. Lavaux — P. Lebeau — G. Lemoine (de l'Institut) — P. Lemoult
L. Lindet — A. et F. Lumière — A. Mailhe — F. March — Ch. Marie
R. Marquis — C. Martine — C. Matignon — R. Metzner — H. Mois-
san (de l'Institut) — M. Moniotte — Ch. Moureu — A. Müntz (de
l'Institut) — A. Rigaut — P. Sabatier — J.-B. Senderens — A. Seye-
wetz — V. Thomas — M. Tiffeneau — L. Troost (de l'Institut) — G.
Urbain — A. Valeur — L. Vigouroux — A. Wahl — R. Wurtz.

E. RENGADE, Secrétaire de la Rédaction

En cours de publication par fascicules grand in-8 à 2 francs

En vente (Janvier 1907)

Tome Ier (A-B) 1 vol. broché 20 fr.	Tome IV (F-G) 1 vol. broché 24 fr.
— II (C) — — 20 fr.	— V (H) — — 16 fr.
— III (D-E) — — 20 fr.	— VI (I-PH) — — 26 fr.

La demi-reliure en veau, plats papier, se paye en sus 3 fr. 50 par vol.

Le DEUXIÈME SUPPLÉMENT AU DICTIONNAIRE DE CHIMIE sera ter-
miné très rapidement.

Il comprendra environ 70 fascicules, soit 7 volumes in-8 ; 60
fascicules sont en vente : la publication complète sera terminée
avant le 1er Octobre 1908.

Les Essences
et les Parfums

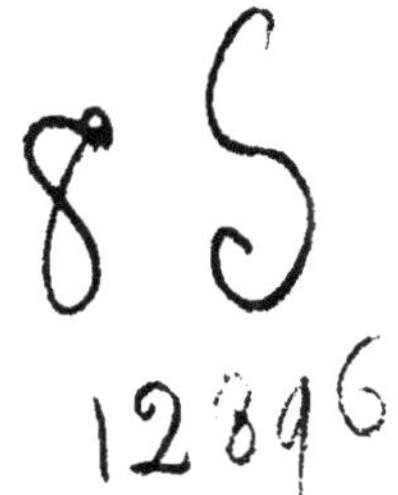

ALAMBIC A BAIN-MARIE (EGROT)

ENCYCLOPÉDIE DES CONNAISSANCES AGRICOLES

Publiée sous le Patronage de MM. ADOLPHE CARNOT, Membre de l'Institut,
et Ed. MAMELLE, Sous-Directeur de l'Agriculture
et sous la Direction de M. E. CHANCRIN, Directeur d'École d'Agriculture.

Les Essences et les Parfums

Extraction et Fabrication

PAR

M. Antonin ROLET

Ingénieur-Agronome
Professeur à l'École d'Agriculture d'Antibes

SUIVI DE

L'Essence de Térébenthine

PAR

Edmond RABATÉ

Ingénieur-Agronome
Professeur départemental d'Agriculture de Lot-et-Garonne

DEUXIÈME ÉDITION

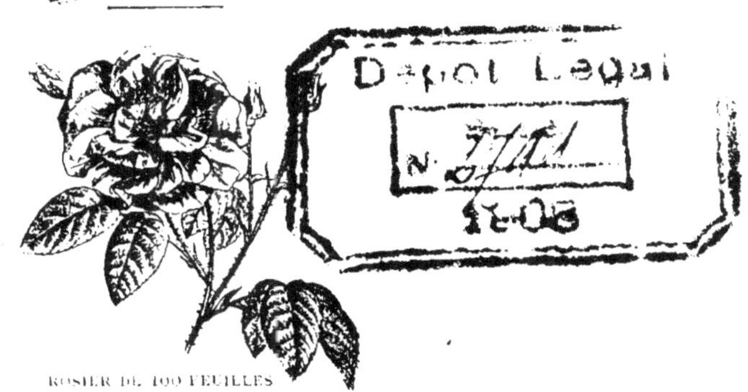

ROSIER DE 100 FEUILLES

PARIS

LIBRAIRIE HACHETTE ET Cie

79, BOULEVARD SAINT-GERMAIN, 79

1908

PRÉFACE GÉNÉRALE

PAR

ADOLPHE CARNOT

Membre de l'Institut.

Un Romain qui savait faire valoir ses terres et qui a écrit, il y a deux mille ans environ, un remarquable traité d'agriculture, Columelle, s'étonnait que l'on n'enseignât pas les travaux des champs, les soins à donner aux animaux domestiques, aux arbres fruitiers, aux vignobles, aux abeilles, etc., pendant que d'autres arts, moins utiles à ses yeux, étaient en grande faveur à Rome.

« Je vois partout, disait-il, des écoles ouvertes aux rhéteurs,
« aux danseurs, aux musiciens : les cuisiniers et les barbiers
« sont en vogue : mais, pour l'art qui fertilise la terre, il n'y a
« rien, ni maîtres, ni élèves.... Et pourtant, quand même nous
« viendrions à perdre ceux qui professent toutes ces choses, la
« République pourrait encore avoir de beaux jours, car nos
« ancêtres, qui ne connaissaient point ces études et n'avaient
« même pas d'avocats, n'en furent pas plus malheureux : tandis
« que la Société humaine ne saurait se passer d'agriculture. »

Certes, depuis cette époque, il a été fait de grands progrès, surtout pendant les derniers siècles. La science, qui a révolutionné l'industrie, a de même rénové l'agriculture : elle a secoué la routine et porté la lumière dans les vieilles formules empiriques.

Nous ne pouvons plus dire, avec Columelle, qu'on n'enseigne pas l'agriculture : car, depuis 30 ans, en une foule de points de notre territoire, il a été créé des écoles où peuvent s'instruire un grand nombre de nos futurs agriculteurs. L'enseignement agricole supérieur, fondé chez nous avec l'*Institut agronomique* de Versailles en 1848, tout au début de la 2ᵉ République, a été, il est vrai, brusquement supprimé par l'Empire en 1852; mais il a été heureusement rétabli à Paris, en 1876, par la 3ᵉ République. Il a rendu depuis lors de signalés services, en même temps que les Écoles nationales d'agriculture de Grignon, de Rennes, de Montpellier, les Écoles pratiques d'agriculture, les Fermes-Écoles et les Écoles spéciales de laiterie, de viticulture, d'aviculture, etc., préparaient chaque année plusieurs centaines de jeunes gens à la pratique des bonnes méthodes agricoles.

C'est assurément beaucoup, et pourtant ce n'est pas assez; car l'instruction par des écoles spéciales ne peut atteindre qu'une infime minorité de cultivateurs. Songeons, en effet, que ceux-ci sont au nombre de 22 millions; et il n'y a que 82 établissements d'enseignement supérieur ou professionnel agricole! Aussi peut-on dire encore aujourd'hui, au vingtième siècle, que l'agriculture française souffre toujours d'une ignorance trop générale.

Il est urgent d'y porter remède. Pour le présent, il faut, le mieux possible, répandre l'instruction pratique dans le monde des cultivateurs. Pour l'avenir, il faudra que les enfants de la campagne trouvent à l'école primaire les éléments d'une instruction professionnelle, qui développe en eux le goût des occupations rurales et qui les prépare à les exercer fructueusement. Il le faut dans leur propre intérêt. Il le faut aussi dans l'intérêt de la France: car notre pays a besoin de pouvoir compter sur un personnel instruit et vaillant pour ne pas succomber dans les luttes économiques, qui ne peuvent que devenir de plus en plus ardentes.

Pour les cultivateurs praticiens, comme pour les élèves et pour leurs maîtres de l'école primaire ou de l'école normale, le meilleur outil à mettre entre leurs mains, c'est le livre, écrit pour eux, simple, clair et à bon marché, qui puisse leur servir d'appui ou de guide, où soient exposées les opérations de culture ou d'industrie agricole, avec la précision de détail nécessaire pour en assurer le succès.

Tel est le but que s'est proposé le distingué sous-Directeur de l'Agriculture, M. Mamelle, et qu'il s'est efforcé d'atteindre avec l'aide de son dévoué collaborateur, M. Chancrin, en créant une Encyclopédie des Connaissances agricoles.

Il existe déjà plusieurs encyclopédies d'agriculture, mais d'un caractère sensiblement différent. La plupart, à raison de leur étendue et de leur prix relativement élevé, s'adressent à un public plus instruit et plus fortuné; d'autres, en se maintenant dans des considérations trop générales, ne donnent pas satisfaction aux praticiens et vont plutôt à des amateurs, plus curieux de connaître les principes que les détails d'exécution des diverses opérations agricoles.

L'*Encyclopédie des Connaissances agricoles* s'attache, au contraire, à justifier son titre en fournissant aux cultivateurs et industriels, qui ont une instruction moyenne ou même élémentaire, les connaissances nécessaires à la pratique raisonnée de leur métier.

Elle comprend une série de petits volumes qui ont été écrits par des Membres de l'Enseignement agricole, spécialistes distingués, s'étant adonnés à la culture, à l'élevage du bétail, aux soins de la basse-cour, ou aux différentes industries agricoles. Non seulement les auteurs ont étudié de près les opérations qu'ils décrivent; mais leur habitude de l'enseignement a développé chez eux la faculté de vulgariser la science et d'en exposer méthodiquement les matières pour les faire bien comprendre du lecteur.

Les auteurs de l'*Encyclopédie des Connaissances agricoles* ont jugé utile de consacrer quelques-uns des petits volumes à l'exposé de notions scientifiques générales, que beaucoup de cultivateurs peuvent ignorer et qui sont cependant indispensables pour comprendre les explications techniques d'autres volumes. C'est ainsi que, pour rendre accessible à tous un volume de *Chimie agricole*, il a paru nécessaire de rédiger aussi un petit abrégé de *Chimie générale*, où se trouvent plus particulièrement expliqués les termes et les faits qui sont invoqués dans la chimie agricole. Il en est de même pour la physique et pour l'histoire naturelle appliquées à l'agriculture.

Les petits volumes de l'Encyclopédie seront particulièrement utiles aux élèves des Écoles pratiques d'Agriculture, qui ne peuvent pas toujours prendre des notes suffisantes en écoutant les leçons de leurs professeurs et qui y trouveront une source précieuse d'informations.

On peut croire qu'ils seront aussi fort appréciés des jeunes gens qui, après les études des lycées, des collèges ou des écoles primaires supérieures, voudront s'adonner aux occupations agricoles. Car, à côté de l'exposé précis de la pratique usuelle, ces petits livres leur présenteront la théorie qui l'explique et qui parfois leur permettra de l'améliorer.

ADOLPHE CARNOT,

Membre de l'Institut.

Ancien professeur a l'Institut agronomique,

Membre de la Société nationale d'Agriculture de France,

Ancien directeur de l'École supérieure des Mines.

INTRODUCTION

L'extraction des essences végétales, pratique d'origine agricole, est entrée aujourd'hui dans le domaine de la grande industrie, grâce aux perfectionnements des appareils et aux méthodes de travail qui s'appuient sur les théories de la chimie moderne.

Cependant, sans vouloir viser aux installations des usines parfaitement outillées, les producteurs de fleurs doivent savoir mettre à contribution, dans leur intérêt, les améliorations apportées depuis quelques années dans l'obtention et le traitement des huiles essentielles.

C'est pour les guider dans cette voie que nous avons réuni dans cet ouvrage ce qu'il est indispensable de connaître sur la matière.

Nous nous adressons plus particulièrement aux élèves des écoles d'agriculture et des écoles industrielles, aux agriculteurs, aux petits industriels, au grand public. D'ailleurs, les coopératives de producteurs sont à l'ordre du jour, et l'union des cultivateurs permettra de réaliser plus facilement les progrès nécessaires.

Nous ne parlons ici que des plantes qui croissent dans nos régions, en Corse, en Algérie, en Tunisie. Nous avons cru utile, en outre, de donner quelques formules de produits de parfumerie qu'il est possible de composer avec les essences que nous étudions.

Notre travail comprend les divisions suivantes :

PREMIÈRE PARTIE. — Les plantes à parfums et les essences.

DEUXIÈME PARTIE. — Extraction des essences : *Distillation. — Les plantes traitées par la distillation. — Macération. — Les fleurs traitées par la macération. — Enfleurage. — Les fleurs traitées par l'enfleurage. — Dissolvants volatils. — Expression.*

TROISIÈME PARTIE. — Aperçu sur les parfums synthétiques. Recettes et formules. — Coopérative de producteurs.

Les nombreuses figures qui accompagnent le texte nous ont permis d'être bref dans la description des appareils.

A. R.

L'EXTRACTION DES ESSENCES

ET LA

PRÉPARATION DES PARFUMS

PREMIÈRE PARTIE

LES ESSENCES ET LES PARFUMS

CHAPITRE I

DES PLANTES A PARFUMS

1. Définitions. — Les **essences végétales** sont des produits le plus souvent liquides, en général de composition complexe, qui existent en petite quantité dans certains végétaux, constituant, pour ainsi dire, la nature, la caractéristique, la partie *essentielle*, la plus importante pour l'industriel, d'où leur nom d'*essences*.

On distingue :

Les **essences à parfums,** appelées encore **huiles essentielles** ou **volatiles,** plus spécialement mises à contribution dans la *parfumerie* (extraits, savons, poudres), grâce à l'odeur suave qu'elles répandent; exemples : les essences de rose, de violette, de géranium, etc;

Les **essences aromatiques,** qui sont surtout tirées des semences et des fruits, et employées pour *aromatiser* certains aliments et préparer des liqueurs; telles sont les essences d'anis, d'estragon, de persil, etc.

2. Parties de la plante utilisées pour l'extraction des essences. — Les *essences naturelles* existent sous forme de gouttelettes dans les cellules ou les petits vaisseaux de la plante. Ainsi, quand on tient une feuille d'oranger en face du soleil, on distingue de petites taches globuleuses d'essence.

Fig. 1. — Chevrotin porte-musc.

Cependant, toutes les portions du végétal ne sont pas également riches en ces substances, et suivant le cas on ne traite que telle ou telle partie de la plante. Ainsi les *fleurs*, avec la rose, la violette, la tubéreuse, le jasmin, la cassie, etc.; les *feuilles*, avec le géranium, l'eucalyptus : les *feuilles* et les *fleurs*, avec l'oranger, la menthe, la marjolaine, le thym, le romarin, l'absinthe, etc.; les *fruits*, avec l'orange, le citron, le genièvre, etc.; les *graines*, avec l'anis, les amandes amères, etc.; les *racines* ou les *rhizomes*, avec l'iris, etc.; le *bois*, avec le cèdre, etc.; les *sucs résineux*, avec l'essence de térébenthine, etc.

Fig. 2. — Poche a musc.

La culture, les soins, la sélection, peuvent avoir les plus heureux effets sur la *quantité* et la *qualité* des essences. Il serait désirable, à ce sujet, que l'on établît dans les régions intéressées des *champs d'essais* pour l'étude des meilleures plantes, les conditions les plus favorables à leur production, les moyens pour les préserver des maladies, etc.

Fig. 3. — Civette a parfum.

3. Lieux de production. — En France, la région de Grasse, Cannes Nice, est le centre de la culture des plantes à essences et de l'industrie des parfums. La première récolte de l'année est celle de la violette (400 000 kil.), puis viennent la fleur d'oranger (2 500 000 kil.), la rose (1 500 000 kil.), le geranium, le jasmin (500 000 kil.), la tubéreuse (300 000 kil.), la menthe, la cassie (31 000 kil.), etc.

Ajoutons la flore spontanée, de labiées surtout, qui croit sur les collines ensoleillées et les garrigues de la Provence, du Languedoc, et fait l'objet d'une industrie beaucoup plus rustique. Le Var, les Basses-Alpes, les Bouches-du-Rhône, l'Hérault, le Gard, la Drôme,

Fig. 4. — Castor.

l'Isère, le Vaucluse, fournissent annuellement plus de 60 000 kilogrammes d'essence de lavande, 25 000 d'essence d'aspic, 40 000 d'essence de thym, 25 000 d'essence de romarin. Les environs de Paris, l'Aisne, le Bordelais, le Tarn, la Touraine, l'Anjou, l'Ain, etc., cultivent soit la menthe, soit l'anis ou encore l'iris, etc.

Notre climat produit d'ailleurs aussi la marjolaine, l'hysope, le serpolet, la mélisse, le reseda, l'héliotrope, la jonquille, le basilic, l'angélique, la camomille, l'absinthe, etc.

Le géranium rosat est exploité en Algérie dans la plaine de la Mitidja. La Tunisie exporte des essences de rose, de jasmin, de cassie ; la Péninsule des Balkans l'essence de rose, etc.

L'Angleterre et les Etats-Unis sont réputés pour la lavande et la menthe, l'Italie pour l'iris et la bergamote, la Sicile pour le citron et l'orange.

Nous passerons sous silence comme etant d'origine exotique : le wintergreen (Etats-Unis), le patchouly (Indes),

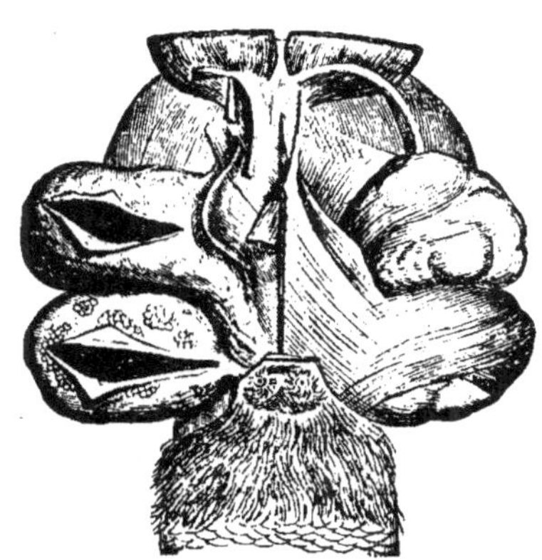

Fig. 5. — Poche du Castoreum.

le Kananga (Java), l'ylang-ylang (Philippines), la cannelle (Ceylan), le girofle (Moluques), le lemon-grass (Indes), le camphre (Japon), ainsi que les essences d'origine animale : musc (chevrotin) (fig. 1 et 2), civette (civette) (fig. 3), ambre gris (cachalot), castoreum (castor), (fig. 4 et 5).

CHAPITRE II

DES ESSENCES

4. Propriétés physiques. — Les huiles essentielles ont des propriétés et des aspects très variés (espèce végétale, degré de pureté). Le nom *d'huile* rappelle leur consistance. La plupart sont liquides et incolores à l'état frais, mais elles deviennent souvent ambrées par suite de la formation de résines par oxydation. Quelques-unes sont colorées naturellement (camomille, bleue). Elles tachent le papier comme les huiles grasses; mais pures, elles se *volatilisent sous l'influence de la chaleur*.

La puissance du parfum tient à la facilité de volatilisation. Les essences obtenues ordinairement renferment le principe odorant pur associé à des produits qui, *sous l'influence de l'action oxydante de l'air*, facilitent la diffusion. La plupart des essences *fraîchement* distillées ne rappellent que faiblement le parfum de la plante.

Quelques essences sont *concrètes* à une température relativement peu élevée (rose, anis). La plupart sont plus *légères* que l'eau (densité moyenne 0,9); quelques-unes sont plus *lourdes* girofle, amandes amères).

Elles sont *insolubles* — ou très faiblement solubles — dans l'eau, *solubles* dans *l'alcool, l'éther, l'essence de pétrole, le sulfure de carbone, la benzine, le chloroforme, le chlorure de méthyle, les huiles grasses*.

Leur point d'*ébullition* varie en général entre 170 et 250°. Leur *saveur* est piquante, âcre, brûlante.

5. Propriétés chimiques. — Les essences *brûlent* avec une flamme fuligineuse (presser un morceau d'écorce d'orange à la flamme d'une bougie, l'essence jaillit et s'enflamme). L'oxygène *épaissit* les essences à la longue (résines), surtout l'essence de citron et analogues; l'essence de girofle *gagne* en vieillissant. La lumière *altère* le parfum (l'essence de rose, non).

Les huiles essentielles obtenues par *expression* étant associées à des produits mucilagineux entraînés, se conservent le moins bien. Les filtrer et les décanter souvent.

On conclut que les essences doivent être *conservées* dans des flacons entièrement remplis en métal étamé, bien bouchés (Acidification et attaque des métaux).

Entourer le verre de *papier noir*. Tenir dans un lieu *obscur frais*, non humide.

Au point de vue **hygiénique**, les essences sont rafraîchissantes et stimulantes. (Ne pas abuser du thym, de la rose, de la menthe, de la lavande.) Le cédrat, la bergamote, provoquent souvent des éruptions chez les ouvriers. La violette et la tubéreuse cassent la voix. Le laurier-cerise, les amandes amères, contiennent un poison, l'acide cyanhydrique. Le romarin fortifie la respiration. Certaines pénètrent et captivent le système nerveux et peuvent, a-t-on dit, exalter l'imagination. D'après les anciens, la rose rend effronté, la violette, mystique, la menthe, politique, l'œillet, méchant, la verveine génial.

On attribue aux huiles essentielles un rôle désinfectant et microbicide (masquent les mauvaises odeurs, agissent sur les microbes, ont une certaine affinité pour l'oxygène). On cite en particulier le thym, la lavande, la térébenthine, l'eucalyptus, etc.

6. Composition. — Les huiles essentielles extraites par les procédés ordinaires sont souvent mélangées à des produits d'oxydation (résines, acides), ou encore à des matières albuminoïdes. Quelques-unes (essence d'amandes amères, moutarde), ne se forment qu'en traitant la plante écrasée en présence de l'eau.

Il en est qui, quoique de composition chimique identique, sont d'aspect et d'odeur différents. Cette identité dans la proportion des mêmes éléments (isomérie) permet quelquefois à la chimie de fabriquer l'une avec l'autre en changeant simplement de place, pour ainsi dire, les *molécules* des corps simples.

Inversement, des essences n'ayant pas la même composition peuvent avoir une même odeur, ce qui facilite

FIG. 5 *bis*. — ALAMBIC SIMPLE DE MONTAGNE A DISTILLER (TOURNAIRE.)

la préparation de certains parfums rares ou difficiles à extraire. Durant la *distillation* (fig. 5 *bis*), sous l'influence de l'eau et d'une température élevée, la composition des essences, de même que leur parfum, est complètement modifiée.

Il est des essences qui ne sont formées que de carbone et d'hydrogène (carbure d'hydrogène), comme l'essence de térébenthine. D'autres renferment, en outre, de l'oxygène (rose).

Dans les divers composés chimiques qui constituent les huiles essentielles (carbures d'hydrogène, alcools, acides, éthers, aldéhydes, etc.)[1] dominent les

---

1. Les *alcools* résultent de l'action indirecte de l'eau sur les carbures d'hydrogène. Les *aldéhydes* sont des alcools moins riches en hydrogène, des alcools oxydés. Les *acides* sont plus oxydés encore. Les *acétones* se rapportent aux alcools secondaires par perte de H^2. Les *phénols* participent des propriétés des alcools et des acides.

carbures d'hydrogène (se rapprochant des terpènes), puis viennent, parmi les corps principaux :

Alcools. — Rhodinol, géraniol, citronnellol (rose, géranium, citronnelle); linalol (lavande, bergamote, aspic, neroli, petit-grain, etc.); menthol (menthe).

Aldéhydes. — Aldehyde benzoïque (amandes amères, laurier cerise); aldehyde citral et aldehyde citronnellal (citron, orange, mandarine), cédrat, aldehyde salicylique (reine des prés); aldehyde angélique (camomille, romarin).

Acétones. — irone (iris); fenone (fenouil); carvone (carvi, aneth); pulegone (menthe pouliot).

Phénols. — Thymol (thym, serpolet, sarriette, origan), anethol (anis).

Les parfums tirés des labiées surtout renferment du camphre.

7. Usages. — L'usage des parfums remonte à la plus haute antiquité. Aujourd'hui ce sont des produits quasi populaires qui « réjouissent le cœur ». A côté des essences aux suaves effluves (rose, orange, violette, jasmin, tubéreuse, géranium), on rencontre des senteurs moins agréables (essence d'ail, de moutarde) qui ont une toute autre destination.

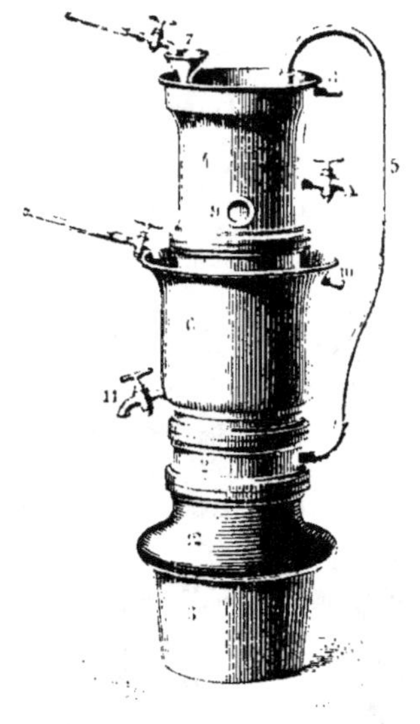

Fig. 6. — OMNIUM DORVAULT (DEROY). DIGESTEUR-MACÉRATEUR A BAIN-MARIE.

1, cylindre de lixiviation; 2, bain-marie; 3, cucurbite; 4, serpentin; 5, col de cygne; 6, rafraîchissoir; 7, entonnoir; 8, trop-plein; 9, lunette; 10, trop-plein; 11, robinet de vidange; 12, robinet pour faire couler le liquide du cylindre dans le bain-marie.

On utilise les huiles essentielles en *parfumerie*, dans la *savonnerie* (amandes amères), en *médecine* (camphre), dans les *arts* pour composer les vernis, dissoudre les couleurs (térébenthine, aspic), en *confiserie* (anis, estragon, marjolaine), dans la *fabrication des liqueurs* (angélique, fenouil, anis, absinthe), dans la *préparation des conserves alimentaires* (cerfeuil, persil).

8. Les essences en parfumerie. — Les essences sont rarement employées seules (parfois odeur désagréable, forte, âcre). Il est vrai que les grands industriels, grâce à des dissolvants appropriés et des procédés compliqués, arrivent à obtenir des produits très purs, avec toute la suavité de la fleur, mais d'un prix exorbitant.

En général, il faut *diluer* les huiles essentielles pour développer leur odeur. On les dissout dans l'*alcool* (de préférence de l'*alcool de vin* rectifié, bien que quelques-unes se trouvent mieux de l'alcool de grains). On obtient ainsi un **esprit,** un **alcoolat,** un **extrait** (quelquefois on fait *macérer* la plante dans le liquide, et l'on a une **teinture**) (fig. 6). En employant l'huile, on a l'**huile antique.** Une graisse donne la **pommade.** On peut encore étendre l'essence dans du *vinaigre* (vinaigre de vin blanc distillé, surtout: l'acide acétique est moins hygiénique). et l'on obtient les **vinaigres de toilette,** que l'on additionne parfois de un dixième d'alcool et de un vingtième de glycérine.

Les **eaux aromatiques, eaux composées, eaux de toilette, eaux**

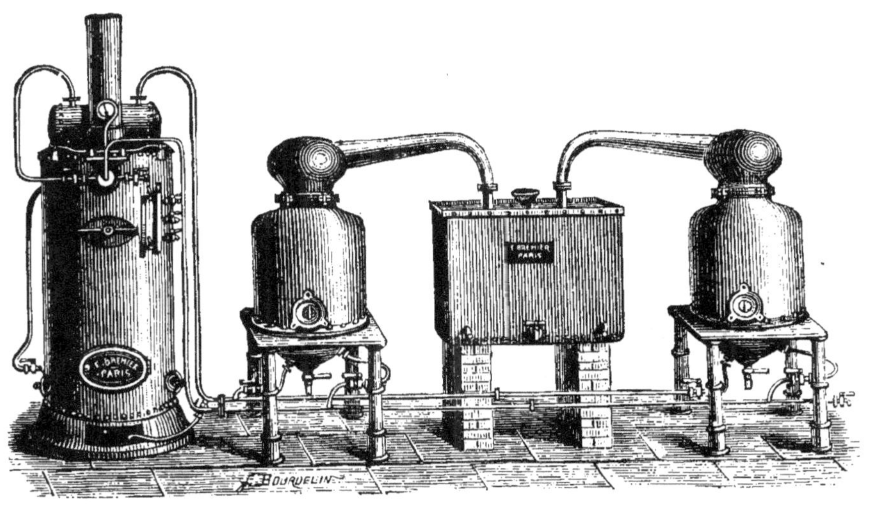

FIG. 6 *bis.* — CHAUDIÈRE A VAPEUR ALIMENTANT DEUX ALAMBICS, RÉUNIS PAR UN SEUL RÉFRIGÉRANT (BRÉHIER).

distillées, sont préparées par infusion. macération. décoction, distillation (fig. 6 *bis*). ou addition d'essence.

Les **cosmétiques :** pâtes, crèmes, émulsions, laits, fards, poudres, farines, dentifrices, sont plus compliqués.

Les **mélanges de plusieurs essences** donnent des parfums très délicats. C'est là le vrai talent du parfumeur de trouver de nouvelles compositions de produits dilués, où aucune odeur particulière ne domine, et qui. par leur fraîcheur, leur suavité, leur finesse, la fixité, l'unité de parfum, captivent la clientèle. C'est un art que d'analyser *olfactivement* un parfum proposé, de chercher à en déterminer les composants pour le reconstituer. Enfin, l'on peut par des mélanges savamment étudiés d'*essences naturelles* imiter l'odeur délicate de certaines plantes qui ne sont pour rien dans ces compositions.

Le *musc* et les *baumes* [1] entrent dans les parfums surtout pour leur donner de la *fixité*.

On *colore* les produits de parfumerie, extraits, huiles, pommades (teinte de la fleur correspondante) en vert : par macération de feuilles, épinards, violettes, cassies ; en jaune : safran, jonquille ; en rouge : cochenille, etc.

9. Classification des odeurs. — On dit que les *labiées* ont une

odeur *aromatique* ; les *rosacées* et *jasminées* ont une odeur *suave ou fragrante* ; les *géraniacées* ont une odeur *ambrée ou musquée*.

Classification d'après Rimmel :

Odeur rosée (rose, géranium)
— jasminée (jasmin, muguet, ylang-ylang) ;
— orangée (oranger, acacia, seringat) ;
— tubéreuse (tubéreuse, jonquille, jacinthe) ;
— violacée (violette, iris, réseda) ;
— balsamique (héliotrope, vanille, benjoin, fève tonka) ;
— épicée (cannelle, muscade) ;
— cariophyllée (girofle, œillet) ;
— camphrée (romarin, patchouly, camphre) ;
— santalée (santal, cèdre, vétiver) ;
— citrine (citron, bergamote, cédrat) ;
— herbacée (lavande, thym, marjolaine) ;
— menthacée (menthe, sauge, basilic) ;
— anisée (anis, badiane, carvi) ;
— amandée (amandes amères, mirbane, laurier) ;
— musquée (musc, civette) ;
— ambrée (ambre gris, mousse de chêne) ;
— fruitée (poire, coing, ananas).

10. Circonstances, causes et facteurs divers qui influent sur la qualité et la quantité des essences dans la plante. —

Dans les **pays chauds,** l'arome est plus accentué, plus puissant, et l'huile essentielle *plus abondante.* Sous les **climats tempérés,** le parfum est plus suave, plus fin, plus délicat, mais le rendement *moindre.*

Dans un même lieu, l'**exposition** au midi, en coteau, à l'abri des vents dominants, donne, en général, les résultats les plus favorables, surtout pour les végétaux qui croissent spontanément. (Les roses récoltées sur les Balkans sont 50 pour 100 plus riches en essence que celles de la plaine).

En ce qui concerne la **période végétative,** la formation des fleurs et l'accomplissement de leurs fonctions (*fécondation et fructification*) entraînent une *déperdition* des produits odorants. Dans une expérience avec le basilic, la suppression des inflorescences a produit une augmentation de 39 pour 100 sur le poids normal de la plante et de 82 pour 100 sur celle de l'essence. Le gain réalisé aux dépens du reste du végétal est

---

1. Les baumes sont des substances résineuses (baume de Tolu, baume du Pérou).

plus actif quand la fleur est en *plein développement*. Dans la pratique, on doit cueillir les fleurs entièrement épanouies, mais non flétries; les feuilles et les tiges quand les fleurs sont sur le point de s'ouvrir; les fruits au moment de la maturité ; les racines à la fin du printemps.

En général, le parfum s'exhale surtout quand le soleil brille ou, au moins dans la journée. Le meilleur moment pour apprécier l'odeur d'une plante c'est le soir après le coucher du soleil, celui de la cueillette le matin après le départ de la rosée. Il y a des exceptions : l'*œillet* ne livre son parfum que si on le récolte deux ou trois heures après avoir été insolé ; la *cassie* n'a pas la même suavité le matin, le soir ou au milieu du jour; le *jasmin* doit être cueilli quelques minutes après la première insolation ; la *rose* demande à être coupée le matin dès qu'elle est bien ouverte.

Les fleurs épanouies lavées par la *pluie* ont leur arome altéré. Chez certaines plantes, comme le *jasmin,* on les supprime pour faire développer les boutons voisins.

Le *maximum* de rendement est obtenu avec les fleurs le plus *fraîches* possible, et le parfum a alors toute sa délicatesse et toute sa suavité. Le traitement doit se faire *immédiatement* après la cueillette. Une récolte moisie est une récolte perdue. Si l'on doit attendre, étendre dans un lieu frais, aéré, en couche de faible épaisseur : remuer à la fourche. Porter à la parfumerie le plus tôt possible.

Enfin, d'après certains auteurs, les *fleurs blanches* sont les plus agréables à l'odorat et les plus parfumées.

En résumé, la cueillette est une opération délicate : pour chaque plante, pour ainsi dire, l'expérience est, seule, le guide le plus sûr qui permette d'apprécier le meilleur moment de la journée et le degré d'épanouissement des fleurs le plus favorable. Si l'on ajoute à cela le mode de culture, la nature du terrain, l'exposition, le climat, l'état de l'atmosphère, la méthode d'extraction, on comprend que la fraîcheur, la délicatesse, la suavité de l'arome du produit définitif obtenu avec une même espèce de plante puisse différer du tout au tout. Il y a ici un tour de main particulier que la pratique seule peut faire acquérir.

DEUXIÈME PARTIE

EXTRACTION DES ESSENCES

11. Des divers modes d'extraction. — On extrait les essences par : *distillation, macération* ou *enfleurage à chaud, enfleurage à froid* ou *absorption, dissolvants volatils, expression*.

Le choix du procédé varie avec la nature de la matière à traiter, sa richesse en essence, et surtout la fragilité de celle-ci au regard d'une température élevée et de l'eau.

D'une façon générale, la *distillation* ordinaire est, au point de vue de la *qualité* du parfum, la méthode la moins recommandable. Celle des *dissolvants volatils* donne les meilleurs résultats, mais dans ce dernier cas le prix de revient est élevé.

CHAPITRE I

DISTILLATION

12. Principe de la distillation. — La distillation a pour objet de faire d'abord dégager à l'état de vapeur la substance odorante incorporée dans la matière végétale, ce qui s'opère dans une *chaudière spéciale*, A (fig. 7), puis de la faire repasser à l'état liquide pour la recueillir, opération qui se produit dans un *serpentin réfrigérant* B. Nous verrons plus loin qu'en réalité, le produit odorant ne bout pas dans les circonstances où l'on opère, mais le résultat final est le même.

L'appareil employé à la distillation, ou **alambic,** se compose (fig. 7) d'une chaudière en cuivre, 1, appelée *cucurbite*, dans laquelle on place les ingrédients à chauffer, broyés, déchiquetés, concassés[1], au besoin, ordinairement dans l'eau,

---

1. Pour les broyeurs, déchiqueteurs, concasseurs, s'adresser, par exemple, à la maison A. Savy, 102, rue de Charenton, Paris.

quelquefois dans la vapeur[1]. La cucurbite est surmontée d'un *chapiteau*, 2, qui se continue par le *col de cygne*, 3, par où se dégagent les vapeurs. Le col de cygne se prolonge par un *serpentin*, 4, qui plonge dans l'eau du *réfrigérant*, 5. L'extrémité inférieure du serpentin s'ouvre en 6, où l'on recueille les produits condensés. En effet, de l'eau froide arrive par 7, descend au fond du réfrigérant, tandis que l'eau, plus légère, qui s'est échauffée par suite de la condensation des vapeurs dans le serpentin froid, monte à la partie supérieure du réservoir

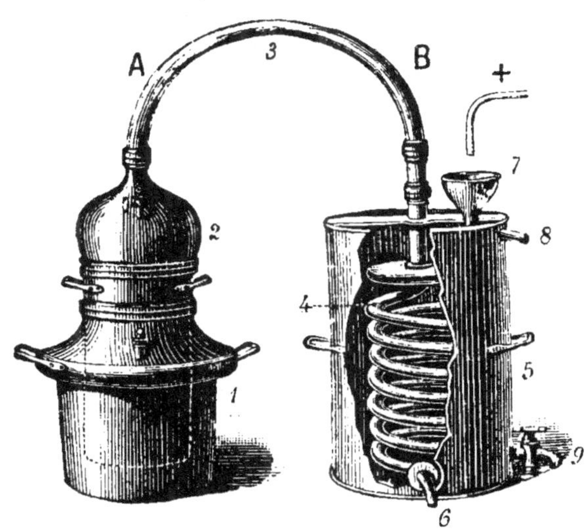

Fig. 7. — Alambic (Deroy).

pour se déverser par le trop-plein 8. Enfin, le robinet 9 permet de vider le réfrigérant.

On sait que les vapeurs qui arrivent dans le serpentin froid produisent en se condensant une dépression qui entraîne un nouvel appel de vapeurs de l'alambic.

13. Comment se comportent les essences durant la distillation. — La température à laquelle on opère est inférieure à celle de l'ébullition des essences. Mais comme l'on chauffe en présence de l'eau, la tension des vapeurs de celle-ci, jointe à celle des essences, est suffisante pour entraîner ces dernières.

---

1. La distillation par la vapeur augmente les rendements et donne des essences de meilleure qualité.

Une haute température et l'eau nuisent toujours plus ou moins aux principes si fragiles des parfums. Par distillation, les essences *ont rarement le fleuri, la suavité de l'arome de la fleur elle-même.* Ce procédé est *délicat : il exige de l'expérience* et un tour de main spécial. Avec beaucoup de précautions et des procédés perfectionnés de distillation *dans le vide,* on est arrivé

Fig. 8. — Fermeture a boulons (Egrot).

A, *boulon articulé;* B, *écrou de serrage.*

à obtenir des essences très sensibles à la chaleur, telles que celles de jasmin, de tubéreuse, d'œillet, de jacinthe, de jonquille.

14. Les appareils de distillation.

— Les *alambics* sont de forme et de grosseur très variables : alambic rustique (peiroù), alambic à distillation fractionnée.

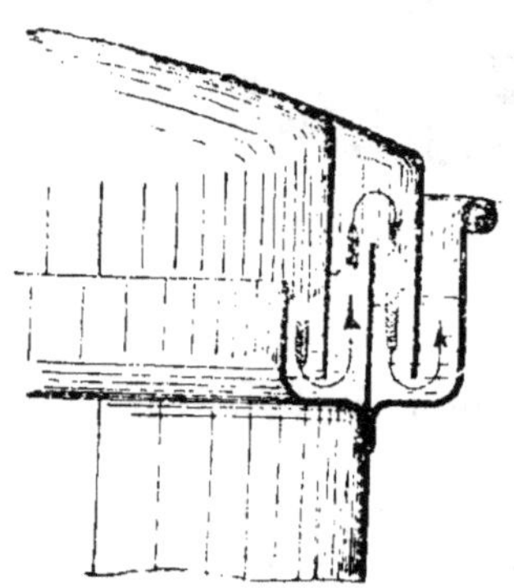

Fig. 9. — Joint hydraulique double (Egrot).

Conditions à remplir. — Alambic en cuivre étamé à l'étain fin inaltérable; serpentin en étain fin facilement démontable, ne pouvant s'obstruer. Toutes les parties doivent être d'un nettoyage facile. (Quand on passe d'une essence à une autre on fait *souffler* l'appareil, on fait bouillir de l'eau pour enlever les traces d'odeur). Les appareils rustiques pourront se chauffer à tous les combustibles (bois, charbon, etc.). Les joints doivent être d'une fermeture simple, pratique, commode, rapide. Les systèmes sont nombreux : lut (argile, pâte, mastic), fermeture à boulons (fig. 8), joints hydrauliques (fig. 9), verrou Egrot (fig. 10); mais les fermetures perfectionnées ne sont utilisées que dans la grande industrie et pour les fortes productions.

Modes de chauffage. — A feu nu (fig. 11), à bain-marie (chauffage par foyer (fig. 12) ou par la vapeur[1] (fig. 12 *bis*), à la vapeur dans double-fond (remplaçant à la fois le foyer et le bain-marie), ou dans serpentin (fig. 13), (moins cher que double-

FIG. 10. — JOINT A VERROUS (EGROT).

fond, mais plus difficile à nettoyer), ou enfin à vapeur directe à travers la grille de fond.

Le chauffage à la vapeur est plus facile à conduire, mais il exige une chaudière. On construit des alambics à vapeur transportables (fig 14. p. 18). Il est des cas où le contact direct de l'eau et de la matière est nécessaire (amandes amères, laurier).

---

1. Le bain-marie est surtout employé pour l'extraction par l'alcool ou les corps gras et les eaux aromatiques.

On peut alors employer le bain-marie percé (fig. 15, 16, p. 18).
Dans d'autres cas, au contraire, l'eau et les essences donnent
des combinaisons qui *modifient* les propriétés physiques et
chimiques des odeurs.

FIG. 11. — ALAMBIC A FEU NU (EGROT).
(RÉFRIGÉRANT R DÉMONTABLE)

A, *cucurbite*; D, *col de cygne*; F, *robinet de vidange*; I, *tampon de décharge*;
N, *tampon de nettoyage et de chargement*; R, *réfrigérant*; Z, *cercles à
verrous Egrot*; c, *boîte à vis*; t, *trop-plein*; v, *vidange du réfrigérant*;
s, *sortie du serpentin*.

Dans les exploitations agricoles, dans les distilleries rustiques de montagne, on distille à feu nu dans des alambics très
simples (fig. 17, p. 19). Dans les fermes, on emploie même
l'alambic qui sert à *brûler* le vin. En général, l'appareil à *essences*
est plus élevé et présente une *moins grande surface* de chauffe.

Avec l'alambic à vin il faut une attention plus soutenue pour éviter les *coups de feu*. D'ailleurs, dans les alambics *simples à feu nu*, la matière ramollie par coction se colle contre les parois, brûle et communique un goût (empyreumatique) désa-

FIG. 12. — ALAMBIC A BAIN-MARIE (EGROT).

A, *bain-marie qui reçoit la matière*; F, *cucurbite qui reçoit l'eau chauffée par le foyer.*

gréable au produit distillé. Les alambics à usages multiples peuvent servir, à l'occasion, de bassine (fig. 18, p. 20).

15. Perfectionnements. — Mettre au fond de la *cucurbite* de la paille, une claie, une toile métallique ou autre dispositif.

Mieux vaut un panier de décharge (fig. 19 et 28, p. 21 et 26); dans les appareils à grande production et à chauffage à la vapeur des grands industriels, le basculement de la chaudière s'obtient mécaniquement. L'eau n'est qu'entre le fond de la cucurbite et le fond du panier: la matière baigne dans la vapeur seulement (plus de coups de feu ni de projections dans le *col de cygne*). Dans le *système Soubeiran* (fig. 20, p. 22), on ne distille aussi que dans la vapeur.

Les *colonnes à fleurs* avec grilles supportant les fleurs (fig. 21, p. 22) jouent le même rôle que les paniers. Le *vase extractif Egrot* (fig. 22) se place au-dessous de la *colonne à fleurs* et reçoit les matières visqueuses des fleurs, les fragments de feuilles, qui, par l'ébullition prolongée, nuiraient à la finesse du parfum.

Les *rectificateurs* (fig. 23, 24, 25, p. 23, 24, 25), lentilles, chapiteaux rectificateurs, ballons, colonnes, permettent d'obtenir un produit plus concentré (la partie la plus aqueuse retombe dans la cucurbite).

FIG. 12 *bis*.

EXEMPLE DE BAIN-MARIE (DEROY)

chauffé par la vapeur. Celle-ci arrive dans le serpentin et transmet sa chaleur à l'eau qui l'entoure.

La *distillation dans le vide*[1] supprime l'action oxydante de l'air qui nuit à l'exactitude du parfum et opère à basse température, nécessite l'adjonction d'une pompe à air, ce qui complique les petits appareils. On en construit cependant qui fonctionnent sans pompe (fig. 26, p. 25).

Les *petites eaux* qui sortent du *vase florentin* peuvent retourner dans la chaudière par un dispositif spécial (fig. 27) et la distillation est ainsi *continue*. Avant de pénétrer dans la cucurbite, elles sont parfois *réchauffées* par l'eau du *réfrigérant* (économie de combustible, fig. 29, p. 27).

Le *serpentin* a subi des modifications dans le but d'éviter les obstructions et de permettre un nettoyage facile. Il est sou-

---

1. On sait que la température d'ébullition d'un même liquide varie avec la pression qui s'exerce à sa surface, pression formée le plus souvent par l'air. Si l'on enlève une partie de l'air dans la chaudière close il faut moins chauffer le liquide pour le faire bouillir.

vent remplacé par deux feuilles de cuivre étamé distantes de
2 centimètres, le tout renfermé dans une bâche de tôle de
20 centimètres remplie d'eau froide. Le réfrigérant démontable

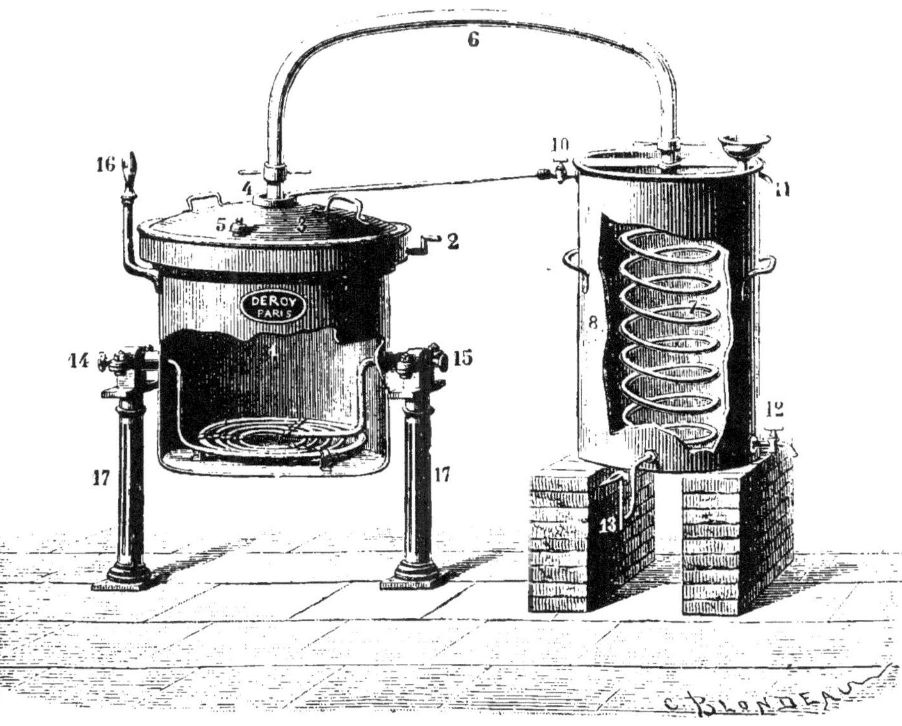

FIG. 13. — ALAMBIC BASCULANT SE CHAUFFANT PAR SERPENTIN DE VAPEUR
(DEROY).

1, *chaudière*; 2, *trop-plein du joint hydraulique*; 3, *chapiteau*; 4, *collerette*;
5, *bouchon à vis*; 6, *col-de-cygne*; 7, *serpentin*; 8, *réfrigérant*; 9, *entonnoir*;
10, *robinet régulateur du degré*; 11, *trop-plein*; 12, *robinet de vidange*; 13,
éprouvette, sortie du serpentin; 14, *entrée de vapeur dans le serpentin de
chauffe*; 15, *sortie des condensations*; 16, *manette de basculement*; 17, 17,
pieds-supports des tourillons*.

Egrot est composé de deux cylindres concentriques faciles à
séparer.

16. Conduite de la distillation. — La matière à distiller
est divisée, au besoin, pour faciliter la diffusion de l'essence.
La *quantité d'eau* à ajouter[1] varie avec la plante, son état de

---

1. Nous avons vu que l'on peut distiller en dehors du contact de l'eau, dans
à vapeur.

fraicheur ou de siccité, la proportion d'essence qu'elle peut

FIG. 14. — ALAMBIC PORTATIF A VAPEUR (EGROT).
A, *alambic*; R, *réfrigérant et réservoir d'eau*; S, *serpentin*; CH, *chaudière à vapeur*.

produire. L'expérience est le meilleur guide : mais, en général, il ne faut pas ménager le liquide : on a alors des produits

FIG. 15.
BAIN-MARIE PERCÉ (EGROT).

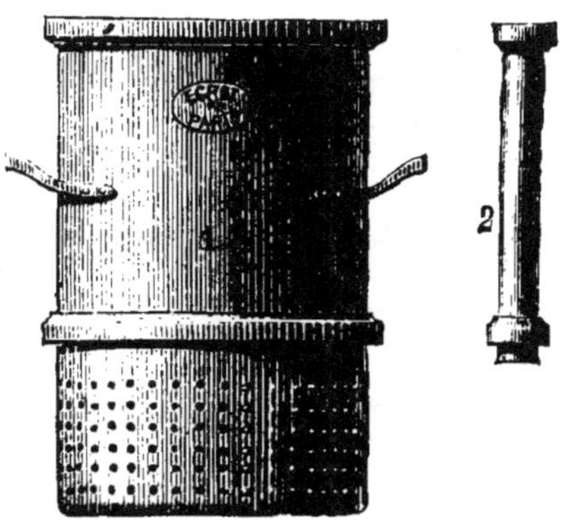

FIG. 16.
BAIN-MARIE PERCÉ MIXTE (EGROT).

plus purs, plus suaves. Si l'on en met *trop*, cependant, comme elle dissout toujours un peu d'huile essentielle, le rendement s'en ressent. S'il n'y en a pas *assez*, on court le risque de voir la matière s'attacher aux parois et donner une huile empyreumatique. Quand on vise surtout la production de *l'essence* et non celle de *l'eau aromatique*, on fait resservir les *petites eaux* déjà saturées.

On doit employer de l'eau parfaitement neutre, peu riche en sels (avec le laurier-cerise on a constaté que l'eau ordinaire donne des *eaux* plus fortes qu'en employant de l'eau distillée).

Pour élever la température d'ébullition on ajoute du sel de

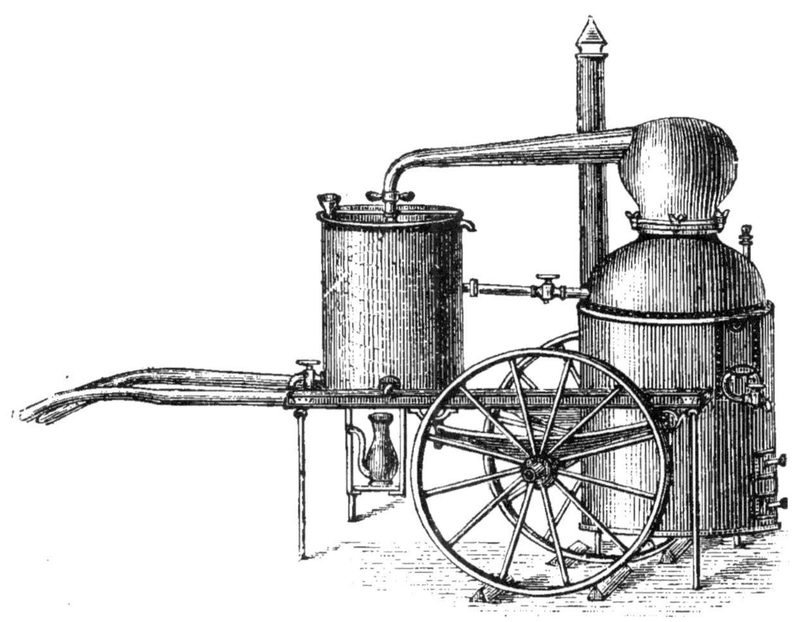

FIG. 17. — ALAMBIC A FEU NU PORTATIF (TOURNAIRE).

cuisine (1 litre saturé de 404 grammes de chlorure de sodium ne bout qu'à 109 degrés).

Il vaut mieux opérer sur des quantités importantes de matière à distiller : on a ainsi des produits plus forts et de meilleure qualité.

L'alambic étant chargé, on met le *chapiteau*, raccorde le *serpentin*, lute les jointures et allume le feu.

Les grands alambics se chargent à la partie supérieure par un *large tampon*. La vidange s'opère par un deuxième tampon placé dans le bas et un robinet (fig. 30, p. 28). Un tuyau met souvent en communication le réfrigérant et la chaudière, qu'un autre robinet permet de remplir.

Conduite du feu. — On doit aller lentement au début, sans à-coups ni soubresauts, et n'activer la chauffe que vers la fin.

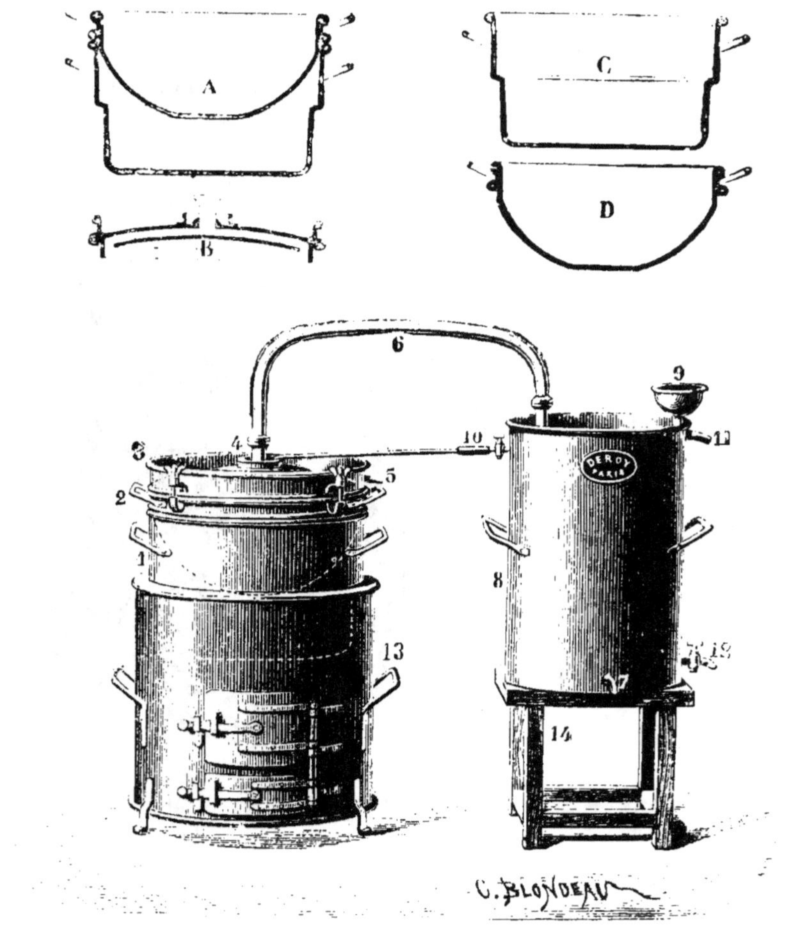

FIG. 13. — ALAMBIC SIMPLEX A USAGES MULTIPLES (DEROY).

1, *cucurbite;* 2, *bain-marie;* 3, *chapiteau;* 4, *collerette;* 5, *trop-plein de la cuvette du chapiteau;* 6, *col de-cygne;* 7, *sortie du serpentin;* 8, *réfrigérant;* 9, *entonnoir;* 10, *robinet de réglage du degré;* 11, *trop-plein du réfrigérant;* 12, *robinet de vidange du réfrigérant;* 13, *fourneau en tôle;* 14, *support en bois (ne fait pas partie de l'appareil).* — C, *cucurbite;* A et D, *bain-marie pouvant servir de bassine.*

Avec un feu trop vif (coup de feu), la vapeur soulève une partie du liquide de la cucurbite et le lance directement dans le serpentin sans avoir été distillé. Dans ce cas, on doit retirer immédiatement le feu. Modérer également la chauffe si l'on voit des vapeurs sortir du serpentin.

Dans un bain-marie ne jamais laisser le double-fond manquer d'eau.

Il faut *évacuer* rapidement les vapeurs et les condenser *très vite* (avoir suffisamment de l'eau froide et un large réfrigérant). Si la température du réfrigérant est trop élevée, 5o pour 100 du parfum peuvent disparaître, et le reste est très modifié; il

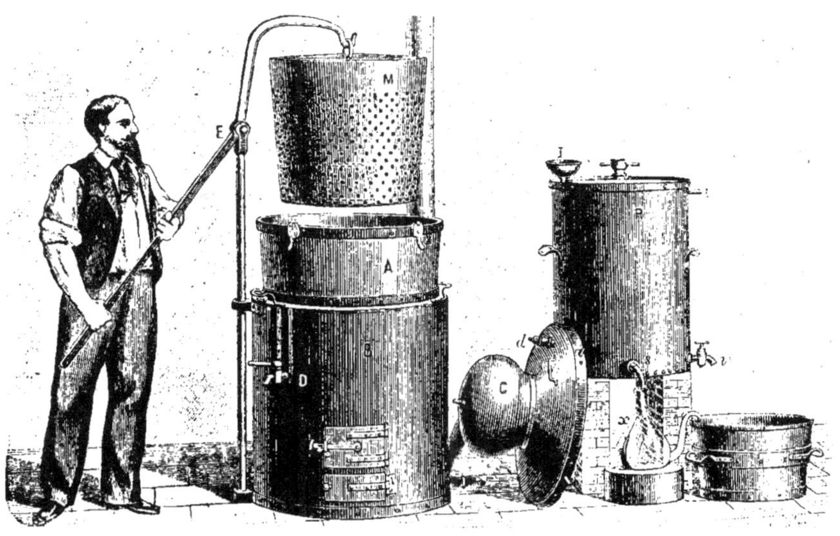

FIG. 19. — ALAMBIC AVEC PANIER MÉTALLIQUE ET APPAREIL DE LEVAGE (EGROT).

perd de sa suavité (odeur de cuit, goût d'alambic). Avec certaines essences solidifiables à basse température, on doit laisser s'échauffer le serpentin (anis).

17. *Pour recueillir les essences.* — Au début, l'eau coule limpide du serpentin, puis elle devient lactescente.

Les *premières portions* d'essence qui distillent (têtes) sont de meilleure qualité; aussi quelquefois *fractionne*-t-on les prises (eau de rose, ylang-ylang); mais le plus souvent on ne fait pas cette séparation.

Les *vases florentins* dans lesquels on reçoit les produits condensés sont de formes variables suivant la densité de l'essence. Pour les essences plus légères que l'eau (la majorité), un *col de cygne* partant du bas permet un écoulement continu des *petites eaux* (fig. 31, 32, 33, p. 28, 35, p. 29). L'essence, en tombant dans le flacon, se divise en fines gouttelettes qui peuvent être retenues dans l'eau par capillarité : mettre un flotteur à la surface du liquide (large bouchon) ou recevoir dans un entonnoir à bec recourbé (fig. 33). Avec les essences plus lourdes que l'eau on emploie le système de la figure 34. Pour une plus parfaite récupération on

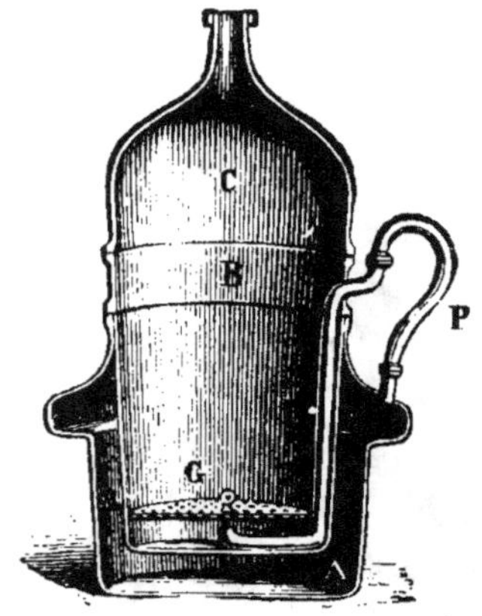

FIG. 20. — ALAMBIC
SYSTÈME SOUBEIRAN (EGROT.)

L'eau qui s'évapore en A arrive par P sous la grille G sur laquelle repose la matière à traiter.

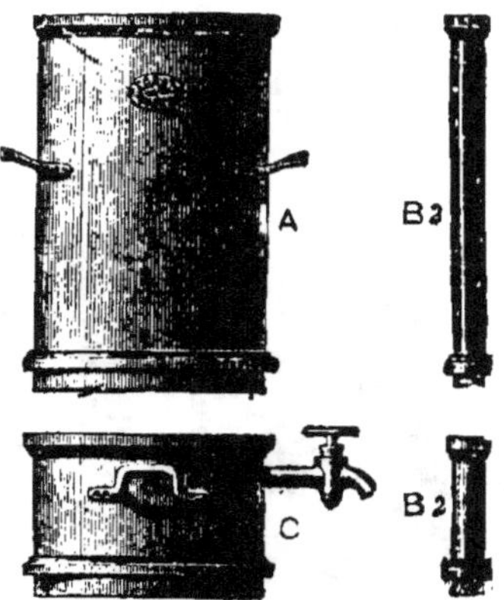

FIG. 21-22. — COLONNE A FLEURS
ET VASE EXTRACTIF (EGROT).

La colonne à fleurs A renferme des grilles pour supporter les fleurs au-dessus des vapeurs aqueuses ou alcooliques qui s'élèvent du bain-marie ou de la cucurbite. Le vase extractif C se place au-dessous de la colonne à fleurs pour recueillir et expulser les matières visqueuses des fleurs.

place aussi plusieurs récipients en *cascade* (principe de l'appareil Bréhier, fig. 36). Dans *l'essencier Piver* (fig. 37, p. 30) huit compartiments *disposés en chicane* agissent comme huit vases florentins. (On a accusé les parois multiples de retenir des globules d'essence.)

On puise les essences qui surnagent avec une *pipette* (fig. 38), une *pompe*, ou encore elles s'écoulent par une *tubulure latérale* (fig. 33, 35). On termine la *décantation* en versant le tout dans un entonnoir (fig. 39) à bec très fin fermé avec un robinet, ou un tube en caoutchouc à pince, ou simplement avec le doigt. Après séparation on ouvre et, suivant le cas, il s'écoule l'eau ou l'essence.

Pour retirer les dernières *traces* d'huile volatile des *eaux distillées*, on les laisse longtemps au repos, ou bien on ajoute du sel marin, puis on agite avec une huile grasse ou de l'éther qui les dissolvent. Il existe également des *seaux décanteurs* (fig, 40, p. 30; 41, p. 31).

18. Rectification. — Les essences ainsi obtenues sont plus ou moins pures; on les redistille avec 5 à 6 parties d'eau après leur avoir ajouté des ingrédients chimiques qui retiennent ou détruisent les produits nuisibles. Plus simple-

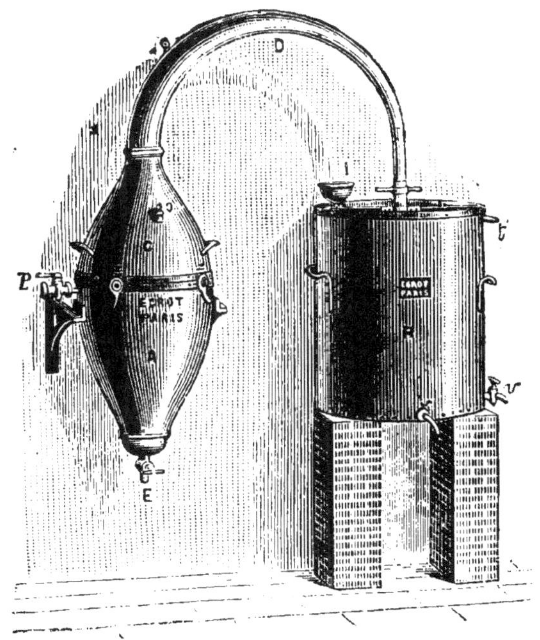

FIG. 23. — ŒUF RECTIFICATEUR POUR ESSENCES (EGROT).

ment on les dissout dans l'alcool et les remet dans l'alambic. Souvent on les obtient ainsi presque incolores et elles rappellent alors mieux l'odeur de la fleur.

19. Eaux distillées aromatiques. — Pour les avoir concentrées, on doit faire servir l'eau plusieurs fois à la distillation de matières fraîches (cohober). Si dans cette distillation on vise surtout ce produit (eau distillée de menthe, de thym, d'anis, de coriandre, de fenouil, d'absinthe), on prend en général une partie de plante et quatre d'eau (pour l'eau de fleurs d'oranger *double* 1 et 3); on pousse activement le feu et recueille deux parties d'eau (pour l'eau de fleurs d'oranger *quadruple* on ne retire que 1 litre d'eau). Pour la rose, le tilleul, une partie de plante et deux d'eau, et recueille une partie. Ajouter du sel marin surtout si la distillation est précédée de macération (rose), 6 pour 100 pour les fleurs, 10 pour 100 pour les feuilles, 20 à 25 pour 100 pour les zestes et les racines. On distille quelquefois l'eau avec l'essence imprégnant une éponge ou du papier filtre. Si l'on veut des *hydrolés* au lieu d'*hydrolats*, on filtre de l'eau distillée sur des éponges, du sable, chargés d'essence, ou bien on dissout l'essence dans un peu d'alcool, puis ajoute l'eau et agite.

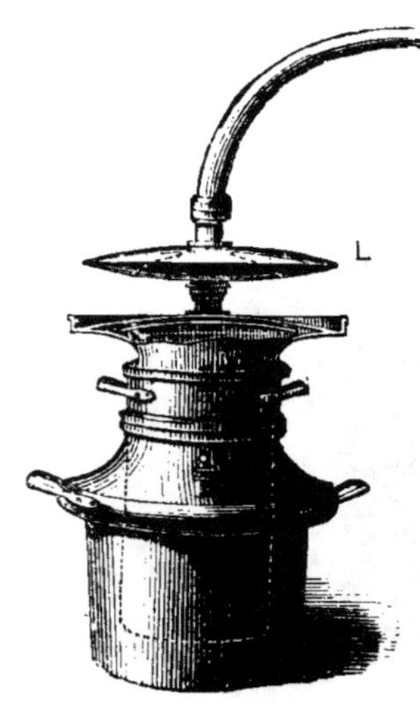

FIG. 24.
ALAMBIC A CHAPITEAU (DEROY)

Rectificateur lenticulaire L.

20. Conservation des produits. — Les essences et les eaux aromatiques sont *décantées*, lavées à l'eau distillée, si besoin est, *filtrées*, puis conservées, soit dans des *estagnons*, des *bidons* en étain ou en cuivre étamé, soit dans de *grandes jarres* ou *piles* en fer blanc ou en cuivre étamé (20 à 22 hectolitres) (fig. 42, 43, 44, p. 32). On soutire les eaux dans des *bonbonnes* au fur et à mesure des besoins. Les essences à l'alcool sont tenues dans des réservoirs soigneusement fermés. Tous les récipients dans lesquels on manipule ces produits délicats doivent être dans le *plus grand état de propreté*.

21. Résidus. — Les eaux résiduaires, les matières solides, servent d'engrais (plantes à parfums). Certains produits desséchés (pétales de rose, menthe) sont acceptés par le bétail.

LES PLANTES TRAITÉES PAR LA DISTILLATION

22. Oranger[1] (*Aurantiacées*). — L'oranger (fig. 45, p. 33) est peut-être l'arbre le plus précieux pour la parfumerie; on en tire trois sortes d'essences : *Néroli* (fleurs), *Petit-grain* (feuilles et fruits verts), *Portugal* (zeste des fruits).

---

1. L'oranger est cultivé dans les Alpes-Maritimes dans deux zones principales, la première à peu de distance de la mer : Cannes, Golfe Juan-Vallauris, le Canet, Antibes ; la deuxième au pied des montagnes, le Bar, Vence, Cagnes.

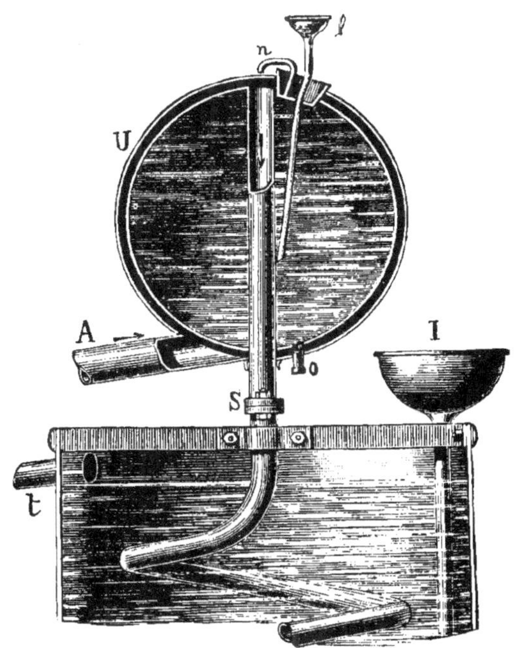

FIG. 25. — COUPE DU RECTIFICATEUR SPHÉRIQUE (EGROT).

Les vapeurs qui arrivent par A se condensent en partie dans l'intervalle U et retournent à l'alambic. Les vapeurs riches continuent par le tube central vers le serpentin S.

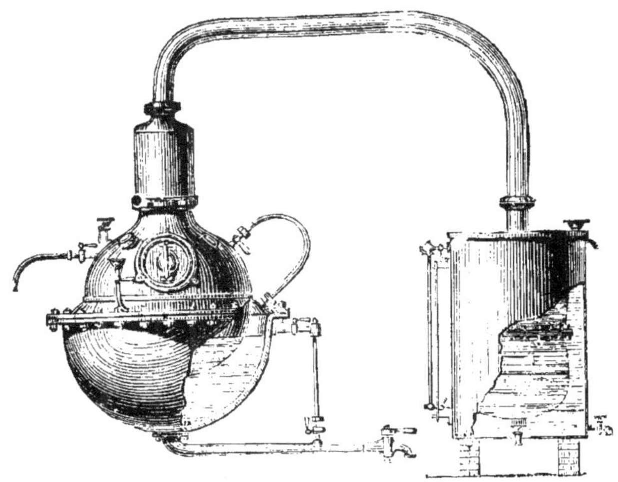

FIG. 26. — APPAREIL A VIDE SANS POMPE POUVANT ÊTRE CHAUFFÉ A FEU NU (BREHIER).

La meilleure, la plus fine, est l'essence de *bigaradier* ou oranger à fruits *amers* (*citrus bigaradia*), forme sauvage de

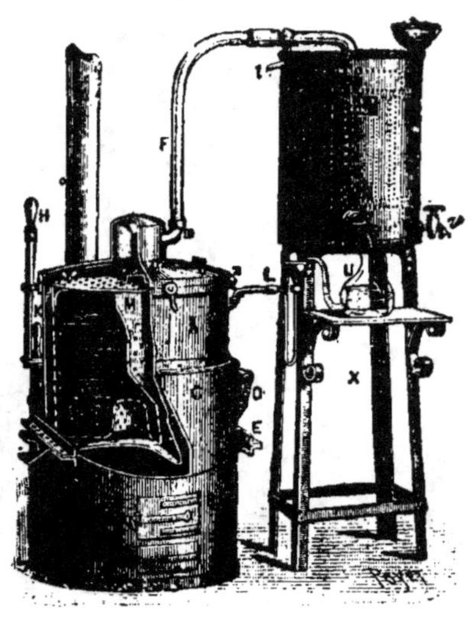

Fig. 27. — ALAMBIC A BASCULE ÉGROT.
Avec dispositif L pour le retour des petites eaux dans la chaudière, et panier M.

Fig. 28. — ALAMBIC A BASCULE ÉGROT.
(Vidange du liquide seul.)

l'oranger doux, qui donne le *néroli* (néroli amer, néroli bigarade) et *l'eau de fleurs d'oranger*.

Le *néroli* est un liquide huileux, vert brunâtre, dont les
caractères diffèrent beaucoup de la vraie essence, surtout
comme parfum, qui ne rappelle guère celle de la fleur[1].

Dans un alambic ordinaire (fig. 46, p. 34) on met 40 kilos de
fleurs, une fois à une fois et demie autant d'eau, et l'on tire

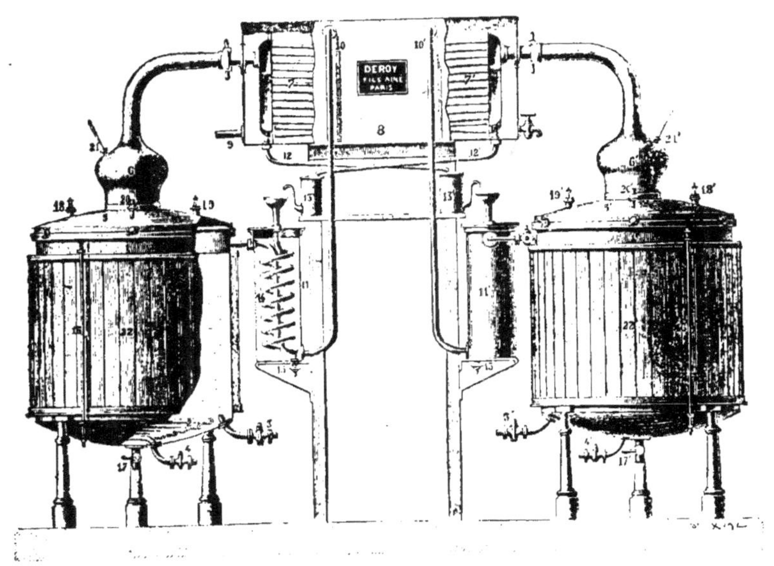

FIG. 29. — ALAMBIC AVEC SYSTÈME OTTO (DEROY).

FONCTIONNEMENT. — *Le réchauffeur 11 reçoit, par le tuyau 10, l'eau chaude
du trop-plein du réfrigérant. Entrant à la base du réchauffeur, elle en sort
à la partie supérieure après avoir transmis sa chaleur aux petites eaux qui
viennent des récipients florentins 13 et circulent à l'intérieur du serpentin
récupérateur 14.*
*Par conséquent, au lieu d'entrer froides à l'alambic et de ralentir la distil-
lation, les petites eaux y sont introduites à une température élevée, ce qui
accélère notablement l'opération.*

environ 30 à 40 litres d'eau. Pour l'eau de fleurs : 18 kilos de
fleurs, 1 kil. 05 de sel, 100 litres d'eau. Faire d'abord bouillir
l'eau salée, puis ajouter les fleurs et tirer 70 litres (eau simple)
ou 50 (double), ou 35 (triple) ou 16 (quadruple).

Les fleurs de *l'oranger doux* (*citrus aurantium*) donnent le
néroli doux ou *néroli Portugal*, de moins bonne qualité.

---

1. Par la macération ou les dissolvants volatils, on obtient un produit de
meilleure qualité.

Les *feuilles* et les *petits fruits verts* (petits grains) fournissent à la distillation une essence inférieure ou *petit-grain*, et de

Fig. 30. — Alambic a grand travail (Bréhier).

1, *tampon de décharge*; 2, *tampon de charge*; 3, *robinet de vidange*; 4, *tuyau d'alimentation*.

l'eau de brouts (on emploie les brouts de taille), qui ne vaut

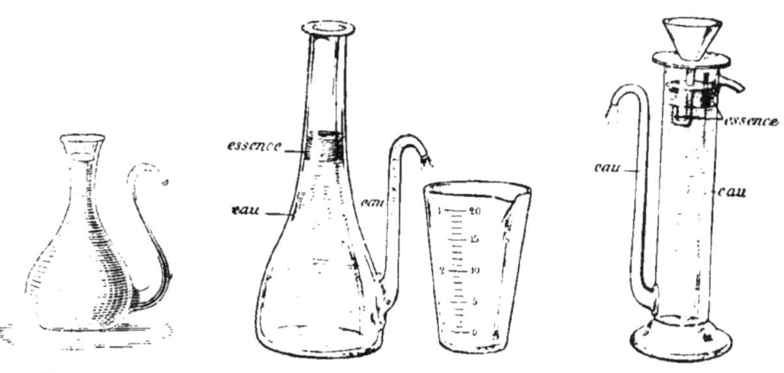

Fig. 31.
RÉCIPIENTS FLORENTINS A SIMPLE EFFET.

Fig. 32.

Fig. 33.
ÉPROUVETTE A DOUBLE EFFET A ENTONNOIR.

pas l'eau de fleurs. Le petit-grain est parfois remis dans l'alambic avec des fleurs amères dans l'obtention du néroli bigarade (fraude). De même les bonbonnes sont d'abord remplies d'eau de brouts, puis complétées avec de l'eau de fleurs.

Rendements. — On récolte les fleurs (fig. 47, p. 35) de fin avril à juin. Il y a aussi une petite récolte en automne. Un arbre adulte (25 ans)

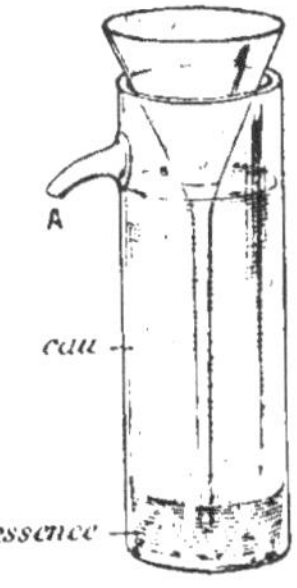

FIG. 34.
RÉCIPIENT POUR ESSENCES
PLUS LOURDES QUE L'EAU.

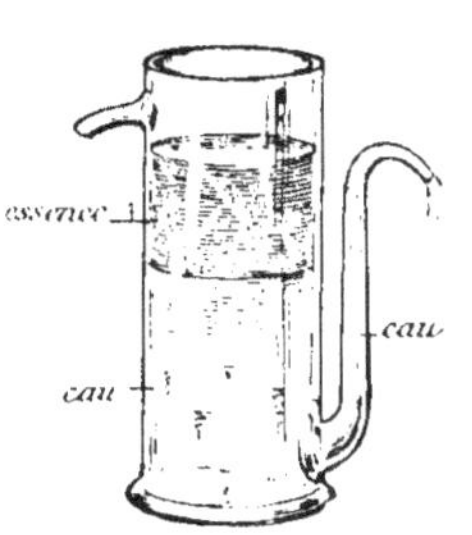

FIG. 35.
RÉCIPIENT A DOUBLE
EFFET.

FIG. 36. — ESSENCIER BRÉHIER.

Il est composé d'un certain nombre de récipients indépendants les uns des autres et fonctionnant successivement. Chacun d'eux reçoit l'eau du précédent et sépare à son tour l'essence entraînée.

peut en donner de 20 à 25 kilos; la moyenne générale d'un verger est de 10 à 15 kilos par sujet. Prix des fleurs : 0 fr. 40 à 2 francs le kilo, suivant années et marchés. Frais de culture et de cueillette : o fr. 20 : une femme peut récolter par jour 10 kilos et gagne 1 fr. 50[1]. Frais d'établissement d'un hectare d'orangers, 4000 francs.

100 kilos de fleurs rendent en moyenne 200 grammes de *néroli* (un peu moins au début

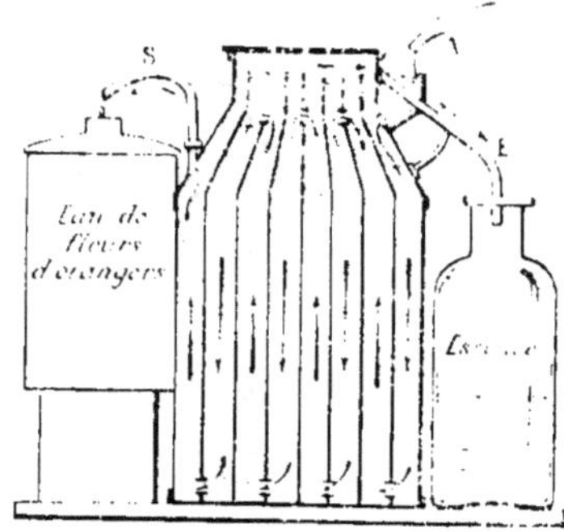

Fig. 37. — Coupe d'un essencier (Système Piver).

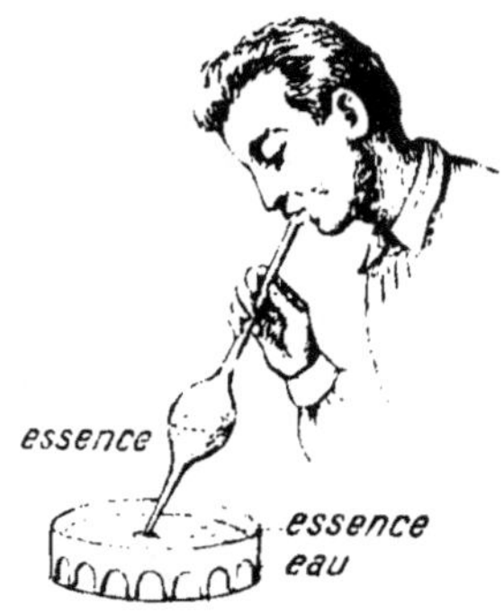

Fig. 38. Pipette a essence.

de la récolte, un peu plus à la fin). Les fleurs de l'oranger doux produisent la moitié moins. 100 kilos de brouts fournissent 150 grammes de *petit-grain* valant 8 à 10 fois

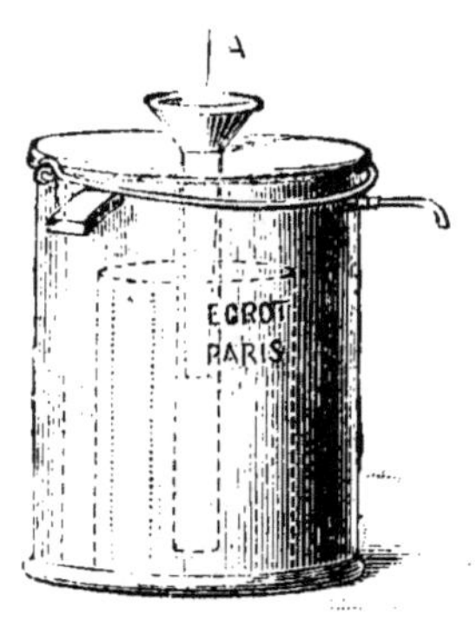

Fig. 40. — Seau décanteur (Egrot). *Les produits condensés arrivent en A et tombent par l'entonnoir au fond de l'appareil. Ils sont obligés de passer successivement entre les cloisons et avec une vitesse toujours décroissante, de telle sorte que la séparation de l'essence et de l'eau se fait convenablement.*

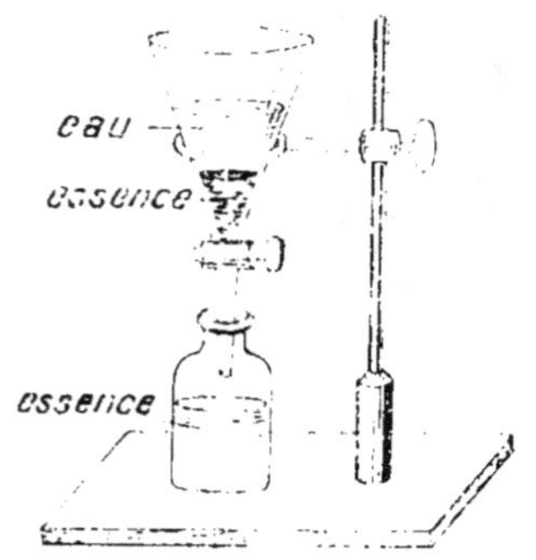

Fig. 39. Entonnoir a robinet.

moins que le néroli. Ce dernier est payé 5 à 600 francs le kilo, même 1000 francs. L'eau de fleurs est vendue 0 fr. 60 à 0 fr. 70 le litre[1].

Au sujet des *fraudes* des essences, en général, rappelons qu'en Bulgarie on a demandé que l'État exerçat un *contrôle facultatif* sur l'essence de rose, qui, reconnue pure, recevrait une marque spéciale.

Depuis la crise phylloxérique le nombre des vergers d'orangers s'est accru. C'est la cause de la *mévente*, disent les *parfumeurs*. La vraie raison, disent les producteurs de fleurs, c'est l'emploi croissant de *petit-grain*, d'essence de *bergamote*, de *Portugal*, pour frauder le néroli. Pourquoi ne détruirait-on pas les brouts de taille au lieu de les livrer?

Fruits. — D'octobre à janvier, quand les fruits sont verts

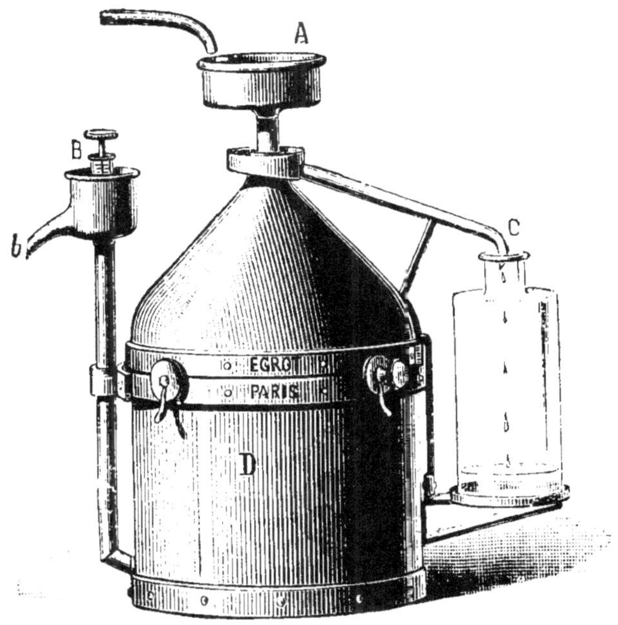

FIG. 11. — RÉCIPIENT DÉCANTEUR (Egrot).
Cet appareil permet de régler la différence de niveau d'écoulement entre l'eau et l'essence par la manœuvre de la vis B. — A, arrivée de l'essence; b, sortie de l'eau; C, sortie de l'essence.

ou vont jaunir, on détache l'écorce en *lanières* (coulanes) que l'on distille pour avoir, avec les oranges douces, *l'essence de Portugal* (sert à fabriquer l'eau de Lisbonne ou eau de Portugal). Les fruits amers donnent l'essence d'oranges amères

---

1. Les chiffres que nous citons ici et dans la suite à propos des rendements, des prix de vente, etc., ne sont que des moyennes approximatives, les cours étant sous la dépendance d'un grand nombre de facteurs de variation.

employée à la préparation des liqueurs, Picon, etc. Le plus souvent ces essences sont obtenues par expression[1] lorsque les fruits sont jaunes: on les râpe alors et distille aussi la matière ainsi obtenue.

On achète les oranges amères vertes 5 à 7 francs les 100 kilos ou les lanières sèches 1 franc le kilo: 100 kilos d'oranges donnent 15 kilos de ces dernières, que l'on brise pour envoyer aux liquoristes. Une femme peut peler dans un jour 60 à 80 kilos de fruits, et même 100, en gagnant 1 fr. 50.

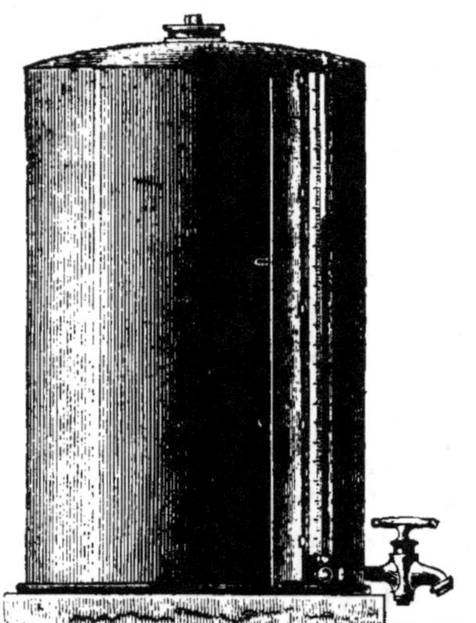

FIG. 42.
ESTAGNON AVEC TUBE-NIVEAU, ÉCHELLE GRADUÉE ET COUVRE-TUBE.

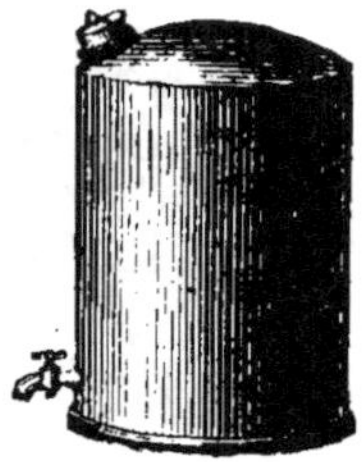

FIG. 43. — ESTAGNON EN CUIVRE ÉTAMÉ POUR ESSENCES, EAUX ET ESPRITS PARFUMÉS (BRÉHIER).

On préfère cueillir les oranges amères encore vertes, car on épuise ainsi moins l'arbre pour la récolte des fleurs suivantes.

Recettes. — Le néroli entre surtout dans *l'eau de Cologne*, à laquelle il donne la *fraîcheur*[2].

ESPRIT DE NÉROLI.

Néroli pétale, bigarade.	50 grammes.
Alcool rectifié	400 centilitres.

LOTION À LA GLYCÉRINE.

Eau de fleurs d'oranger	1 lit. 5
Glycérine	220 grammes.
Borax	20

---

1. Voir Deuxième partie, chapitre V.
2. Voir les recettes dans la Troisième partie.

EXTRAIT DE PORTUGAL.

Essence d'orange. . . . . 60 grammes.
Alcool à 95°. . . . . 1 litre.

BOUQUET D'ORANGER.

Néroli, extrait de fleurs d'oranger, essence de Portugal.

23. Rose. — *Variétés.* — En Provence on cultive surtout la *rose de mai* (hybride de rose de Provins et de rose cent-feuilles) (fig. 48). On utilise encore pour la parfumerie la rose de Damas, de l'Haÿ, etc.

Récolte. — Le matin, par temps bien sec, dès que la fleur est épanouie, ou le soir; fortement insolée, elle perd son parfum; de fin avril à fin mai (Grasse); on peut conserver les pétales en ajoutant 1 kilo de sel par 6 kilos ou plus de sel, selon la durée.

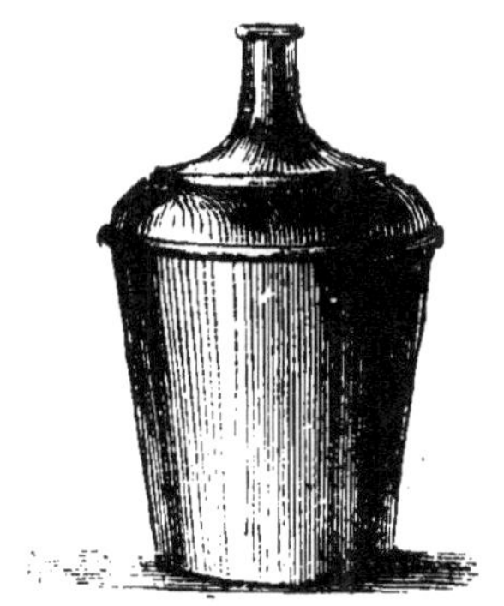

FIG. 44. — ESTAGNON POUR ESSENCES (TOURNAIRE).

FIG. 45. — FLEURS D'ORANGER.

Distillation. — Les pétales seuls donnent une essence à arome fin et délicat. En général on vise plutôt *l'eau de rose* que *l'essence.*

En Bulgarie, où la distillation de la rose occupe une place très importante parmi les industries agricoles, on met dans l'alambic 10 kilos de fleurs et 75 litres d'eau. On chauffe assez vivement au début pour laisser tomber le feu vers la fin. Au bout d'une heure on a recueilli 10 litres de liquide. On remplace les pétales par 10 autres kilos, en conservant l'eau tamisée de l'alambic, que l'on complète à 75 litres. Après trois semblables opérations qui ont fourni en tout 40 à 45 litres d'eau, on redistille *lentement* cette dernière pour avoir de l'essence. Souvent on ne prend que 5 litres, le restant servant à traiter d'autres fleurs. On peut aussi opérer avec l'eau salée comme pour la fleur d'oranger.

En général on retire un poids d'eau égal à celui des roses.

Si l'on veut fractionner les prises : 12 kilos de fleurs + 50 à

FIG. 46. — DISTILLATION DE LA FLEUR D'ORANGER A LA FERME.

60 d'eau: recueillir 25 litres en 3 fois; redistiller séparément chaque récipient de 8 litres; des trois sortes d'essences la *première* est la *meilleure*.

Autre procédé. — Mettre les pétales dans un récipient avec leur poids d'eau pure et du sel; presser et laisser 4 jours en remuant chaque jour; placer dans l'alambic (rempli aux 2/3) et distiller à feu nu (mettre de la paille au fond de la cucurbite). On retire la moitié du liquide; ou bien encore on distille 6 kilos de roses confites et 11 litres d'eau pour obtenir 6 litres.

Rendements. — En moyenne, 200 grammes de roses par pied, et 10 000 à 12 000 pieds à l'hectare, soit 2500 à 3000 kilos de fleurs[1]: le kilo vaut 0 fr. 15 à 0 fr. 75; une femme cueille par jour 10 à 15 kilos pour 0 fr. 20 à 0 fr. 30 par kilo. 100 kilos de roses donnent 8 à 10 grammes d'*essence* (Turquie 20 à 25, Egypte 30 à 40), valant 600 à 2500 francs le kilo, suivant origine. L'*eau de rose* se vend de 0 fr. 70 (Nice) à 5 francs (Egypte).

---

1. En Turquie, 6000 kilogrammes.

L'essence ordinairement jaunâtre renferme une résine sans odeur (*stéaroptène*) qui la fait se figer facilement : l'*oléoptène* (seule odorante) reste liquide (acheter au point de fusion). La *rose blanche* donne par distillation un rendement *plus faible* et de l'essence de *qualité inférieure*. Celle-ci se congèle à une température *plus élevée* que celle de la *rose rouge*, et, par suite, supporte mieux la falsification avec l'essence de *palma rosat* ou géranium de l'Inde.

Falsification. — On la falsifie avec de l'essence de *géranium*

FIG. 47. — CUEILLETTE DE LA FLEUR D'ORANGER.

ou d'*andropogon* (Indes), dont on arrose les fleurs avant distillation.

Lieux de production. — Bulgarie, industrie agricole très rustique (à Kezanlik) ; les vallées de la Toundja et de la Ltrema fournissent par an 2500 kilos d'essence.

La région de Grasse a travaillé en 1905, 2500000 kilos de roses. L'essence de Provence est la meilleure, mais les distillateurs réclament la *sélection des rosiers* dont les faibles *rendements* grèvent trop lourdement les prix de revient. C'est ainsi que l'on a écrit : « que l'on fasse pour nos fleurs ce que l'on a fait pour le blé, la vigne et la betterave. Que l'on analyse les sols et les plantes, que l'on étudie les engrais, que l'on nous donne du parfum et non de l'eau[1]. »

---

1. Voir plus loin l'extraction par *dissolvants* et les recherches de M. Gravereaux sur ce sujet (Deuxième partie, chapitre IV).

Recettes.   ESPRIT DE ROSE TRIPLE.

```
Alcool rectifié . . . . . . . . . . . . . .   4 lit. 55
Essence de roses. . . . . . . . . . . . . .  85 gramme
```

VINAIGRE A LA ROSE.

```
1° Feuilles de rose sèche . . . . . . . . . . 125 grammes.
   Esprit de rose triple . . . . . . . . . .   0 lit. 25
   Vinaigre de vin blanc. . . . . . . . . . .   1 litre.
2° Vinaigre d'Orléans. . . . . . . . . . . .   1  . .
   Pétales secs de roses rouges. . . . . . . 100 grammes.
```

Laisser infuser 15 jours, agiter de temps en temps, passer en pressant; repos 2 jours, puis filtrer. On peut opérer de même (2° formule) avec la lavande, le romarin, la sauge, l'œillet.

ROSE DOUBLE DE PIESSE.

```
Pommade à la rose n° 24 . . . . . . . . . . . 3 kil. 625
Alcool rectifié. . . . . . . . . . . . . . .  4 lit. 55
Essence de rose de France . . . . . . . . .  42 grammes.
```

L'alcool et la pommade doivent macérer 1 mois; filtrer, puis ajouter l'essence à une température d'environ 25 degrés.

24. Géranium rosat (*Pelargonium capitatum*[1]. *Géraniacées*).

FIG. 48.
ROSIER 100 FEUILLES.

FIG. 49.
GÉRANIUM ROSAT.

— Il fleurit d'avril à octobre (fig. 49) et peut fournir plusieurs récoltes (3 en Algérie). On distille les feuilles vertes et les rami-

---

1. On utilise encore le *pelargonium odoratissimum* et le *pelargonium roseum*.

fications. Les tiges ligneuses sont peu riches et nuisent à la bonne marche de la distillation. On conseille de n'introduire la matière dans la cucurbite que lorsque l'eau est en ébullition. D'après le Dr Blandini les fleurs, elles aussi, contiennent une quantité notable d'essence, 1,5 pour 100, très fine et très délicate, les feuilles, 0,75 pour 100. Les produits les plus riches sont obtenus au printemps. Sèches, les feuilles rendent moins, mais l'*essence* est de qualité supérieure. Celle-ci est liquide, incolore et rappelle l'essence de rose (falsifie cette dernière, mais elle-même est falsifiée avec l'es-sence de *lemon-grass*).

Rendements. — 35 000 kilos par hectare valant 6 à 10 francs les 100 kilos. Le quintal de feuilles vertes donne 120 grammes d'essence vendue 70 à 130 francs le kilo suivant la région, mais la véritable vaut jusqu'à 250 francs le kilo.

On prépare l'*extrait* en additionnant 1 litre d'alcool de 125 grammes d'essence.

25. Labiées. — La famille des *labiées* fournit un fort contingent de plantes à la distillation.

26. Menthe poivrée (*Mentha piperita*) (fig. 50). — **Récolte.** — A la floraison, en juillet-août, quand les fleurs

FIG. 50. MENTHE POIVRÉE.

sont près de s'épanouir. Couper rez de terre et en plein soleil. Quelquefois seconde coupe en septembre avec irrigation. Ne pas laisser en tas volumineux; *trier les mauvaises* herbes et livrer frais.

Distillation. — Pour avoir de l'essence fine, couper à la main, émonder et ne traiter que les feuilles et les fleurs. La matière *fraîche* rend autant par le chauffage à *feu nu* que par le chauffage à *la vapeur*. Sèche, c'est le contraire, mais l'essence à la vapeur est plus *légère et plus transparente*. Ce dernier résultat est aussi obtenu quand on rectifie l'*essence à feu nu* par la vapeur. Si la matière séjourne trop longtemps dans l'appareil, l'essence brunit quelquefois: elle est verte si l'on distille avec trop d'eau.

En Angleterre, région où l'on fabrique la meilleure essence, on charge les appareils avec, ordinairement, 225 kilos de matière, et l'on conduit la distillation à basse température durant 4 heures et demie.

L'eau de menthe est obtenue en distillant 10 à 12 kilos d'herbe fraîche, 40 à 45 litres d'eau et 250 à 280 grammes de sel.

Essence. — Presque incolore, odeur vive, saveur chaude aromatique, sensation de fraîcheur à la bouche. La saveur

Fig. 51. — Distillation de l'aspic en plein air au Grand-Brahis en Crau.

(*Le fourneau est en briques. Entre le fourneau et le tonneau on voit la cheminée, le tonneau sert de réfrigérant.*)

varie avec le terrain (bien drainer.) Se bonifie en **vieillissant**. Goût de vert, goût empyreumatique (coup de feu). Les mauvaises herbes peuvent nuire (erigerum canadense : essence chinoise et japonaise).

On la falsifie avec des essences d'autres menthes (il existe un grand nombre de variétés de menthes dont plusieurs croissent spontanément: les distillateurs en plein air de lavande, thym, etc., traitent souvent la *menthe poulliot*, avec des essences de lavande, de romarin, de térébenthine rectifiée. On la prive quelquefois de son principe actif, le menthol.

L'esprit de menthe s'obtient par la macération de 1 kilogramme de parties vertes dans 4 litres d'alcool à 95 degrés.

Rendements. — A Grasse, 8 à 10000 kilos par hectare (2 coupes), et avec une bonne fumure aux tourteaux et aux engrais chimiques, 20 à 25000 kilos valant 10 à 14 francs le quintal et 6 francs pour la coupe de septembre. 10000 kilos correspondent à 2000 une fois secs.

Cent kilos de matière verte donnent en moyenne 225 grammes d'*essence* et 6 à 7 litres d'eau de menthe. L'*essence* est vendue de 70 à 150 francs le kilo, suivant origine et rectification, en

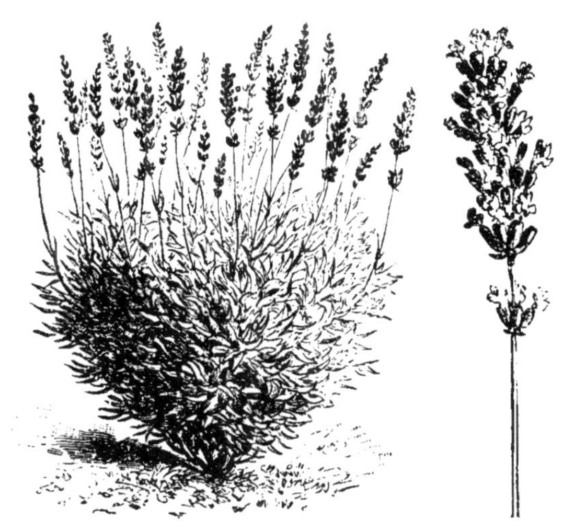

Fig. 52. — Lavande véritable.

moyenne 100 francs, *et l'eau de menthe* 0 fr. 60, à moins qu'elle ne soit très concentrée (Eau de Tarbes).

L'*essence* est surtout employée pour les eaux de bouche et les dentifrices (eau de Botot), pour parfumer le savon, fabriquer les liqueurs (pippermint).

Lieux de production. — L'*Angleterre* fournit l'essence la plus fine et la plus chère (sol et climat); à Mitcham et à Hitchin on distille par jour, durant la saison, jusqu'à 15000 kilos de plantes.

Les *Etats-Unis* (Michigan, Indiana, New-York) en exportent de grandes quantités.

En France on cultive la menthe dans les terrains fertiles et humides des régions de Sens (Yonne), Gennevillers (Seine); on la trouve aussi dans la contrée de Grasse, Nice, etc.

27. Lavande (*Lavandula vera*). — La distillation de la lavande, du thym, de l'hysope, du romarin, de la sauge, du fenouil, etc., qui croissent spontanément sur les collines du Midi, en Corse, etc., constitue une industrie des plus rustiques que l'on pratique sur les lieux mêmes (les frais de transport grèveraient trop les prix de revient) avec des appareils très simples, trop simples peut-être ; il y aurait lieu, à ce sujet, de prendre en considération les perfectionnements dont les alambics sont susceptibles, et que nous avons signalés plus haut.

L'époque venue, le distillateur s'installe en plein air (fig. 51), le plus souvent à proximité d'un cours d'eau, établit son alambic (lou peiroù) sur quelques pierres et traite les plantes du cantonnement dont il est adjudicataire, ou les achète au

Fig. 53. — Lavande spic.

fur et à mesure des apports. Souvent une entente préalablement convenue entre confrères permet à chacun d'eux de passer des marchés à bon compte.

Variétés. — La *lavande vraie* (fig. 52) (*lavandula vera*), lavande officinale, lavande de montagne, lavande commune, fournit l'essence la plus recherchée (A.-M., B.-A., Drôme, Vaucluse, Gard, Isère).

La *lavande spic* (fig. 53) (*lav. spica*), aspic, des collines calcaires, donne un produit (huile d'aspic) moins aromatique, moins suave, plus fort (A.-M., Var, B.-du-R., Gard).

La *lavande Stœchade* (fig. 54) (*lav. Stœchas*) des terrains granitiques et schisteux, des îles d'Hyères (îles Stœchades), des Maures, de l'Estérel, fournit beaucoup d'essence, mais de moindre qualité.

La *culture* augmente la quantité et la qualité.

Récolte. — On récolte avant complet développement de toutes les fleurs. On coupe les épis à la faucille (l'essence des tiges ne vaut pas celle des épis) de juin à septembre. Cette cueillette des épis doit se faire *soigneusement*. Ne pas les *arracher* à la main en enlevant une partie de la plante, mais les couper avec un instrument *tranchant*, sinon la plante souffre et dépérit, et l'on constate d'année en année une diminution de récolte. C'est là une des causes actuelles de la crise de l'essence de lavande.

Distillation. — Les *alambics* rustiques (fig. 5 *bis*, p. 5) de montagne à feu nu se vendent au poids; ils pèsent de 80 à 100 kilos en général et ont une capacité de 150 à 300 litres, mais il y en a de bien plus gros.

On met dans un appareil de 150 litres, 40 kilogrammes de lavande et 30 kilogrammes d'eau (si la matière est sèche, on met 40 litres de liquide).

Fig. 54.
LAVANDE
STŒCHADE.

Fig. 55.
BRANCHE DE THYM.

Pour l'*aspic*, on charge un alambic de 800 litres de 130 kilogrammes de matière et de 80 litres d'eau et l'on chauffe deux heures.

Après distillation, les résidus servent au chauffage.

Esprit de lavande : faire macérer 1 kilogramme de lavande dans 8 litres d'alcool, ou encore distiller un mélange d'essence et d'alcool. Ce mélange non distillé reste jaune; distillé, il est incolore.

L'*essence* pure est incolore, riche en camphre, à saveur

chaude un peu amère, ne rancit pas, se bonifie en vieillissant. On la falsifie avec l'essence de térébenthine.

Rendements. — Il faut 120 à 200 kilos pour 1 kilo d'essence[1], en général 160 kilos. Dans le Vaucluse, 2000 kilos de lavande à l'hectare : généralement 12 à 1300 kilos. Avec culture et engrais 3500 kilos : de plus, 100 kilos de lavande cultivée donnent un excédent de 200 grammes d'essence (800 gr. au lieu de 600 gr.). On paie les fleurs 5 à 10 francs les 100 kilogrammes (jusqu'à 18 fr.)[2]. L'huile fine de lavande vaut 10 à 32 francs (moyenne 10 à 12 fr.) L'essence de fleurs seules est plus chère. L'huile d'aspic 5 à 7 francs. Les rendements sont très variables suivant l'année, les conditions climatériques, l'exposition, l'altitude.

Plus on s'élève dans la région montagneuse, plus l'essence est fine, d'odeur délicate, mais aussi moindres sont les rendements.

Formules. EAU DE LAVANDE.

1° Essence de lavande.	15 grammes.	On peut ajouter un peu de berga-
Esprit de vin	1 2 litre.	mote ou de l'eau de rose.
Musc	0 gr. 025	

LAVANDE DE SMYTH.

Essence de lavande anglaise.	115 grammes.	
Esprit de vin rectifié.	1 lit. 8	Mêler et distiller.
Eau de rose	0 lit. 55	

VINAIGRES DE LAVANDE.

1°	Vinaigre blanc.	500	grammes.
	Glycérine.	30	—
	Essence de lavande.	1	gramme.
	Essence de romarin	1	—
2°	Esprit de lavande.	50	grammes.
	Eau de rose	25	—
	Vinaigre d'Orléans.	75	—

28. Thym (*Thymus vulgaris*). — La *farigoulo* des Provençaux (fig. 55) fleurit dès la mi-avril. On distille la plante fraîche : odeur plus suave, plus agréable. L'essence a une saveur chaude, amère, aromatique, rappelant la mélisse et le citron ; elle est rouge brun, mais incolore par rectification. Il faut environ 180 kilos de matière pour 1 kilo d'essence valant 10 à 12 francs.

---

1. 200 kilos de lavande fraîche, 150 kilos d'aspic.
2. Un ouvrier peut récolter par jour jusqu'à 130 kilos, en moyenne.

29. Serpolet (*Thymus serpillium*). — Serpoule, poleur, pilolet. pouliet: donne une essence moins aromatique. On distille également la *sarriette* (fig. 56) (*satureia hortensis* et *montana*), donnant de l'huile se vendant 100 francs le kilo.

30. Hysope (*Hyssopus officinalis*). — Fleurit dès juillet et donne par 120 kilos 1 kilo d'essence du prix de 200 francs.

31. Romarin (fig. 57) (*Rosmarinus officinalis*) *roumaniéou.*

FIG. 56. — SARRIETTE.

— Se distille toute l'année, mais la meilleure époque est celle de mai à septembre. Les feuilles donnent une essence supérieure à celle des fleurs. Cent kilos en fournissent environ 1 kilo valant 6 francs. Elle est jaunâtre mais incolore par rectification. Elle passe pour réveiller et fortifier l'esprit.

L'*Eau de Hongrie* est à base d'essence de romarin.
Eau de romarin pour les cheveux : 5 kilos de fleurs, eau 55 litres; distiller et recueillir 45 litres. En prendre 4 lit. 5, ajouter 6 lit. 28 d'alcool rectifié et 28 grammes de potasse perlasse.
Esprit de romarin : 30 grammes d'essence et un litre de bonne eau-de-vie.

32. Sauge (*Salvia officinalis*). — La petite sauge (fig. 58) de Provence ou S. de Catalogne (Sàuvio) fleurit dès mai et se récolte avant l'épanouissement des fleurs. L'huile essentielle ambrée brunit à l'air; elle est riche en camphre. 100 kilos rendent 400 grammes. Elle vaut jusqu'à 35 francs.

33. Marjolaine cultivée (*Origanum majorana, Majorana hortensis*). — Origan marjolaine, marjolaine d'Orient, marjo-

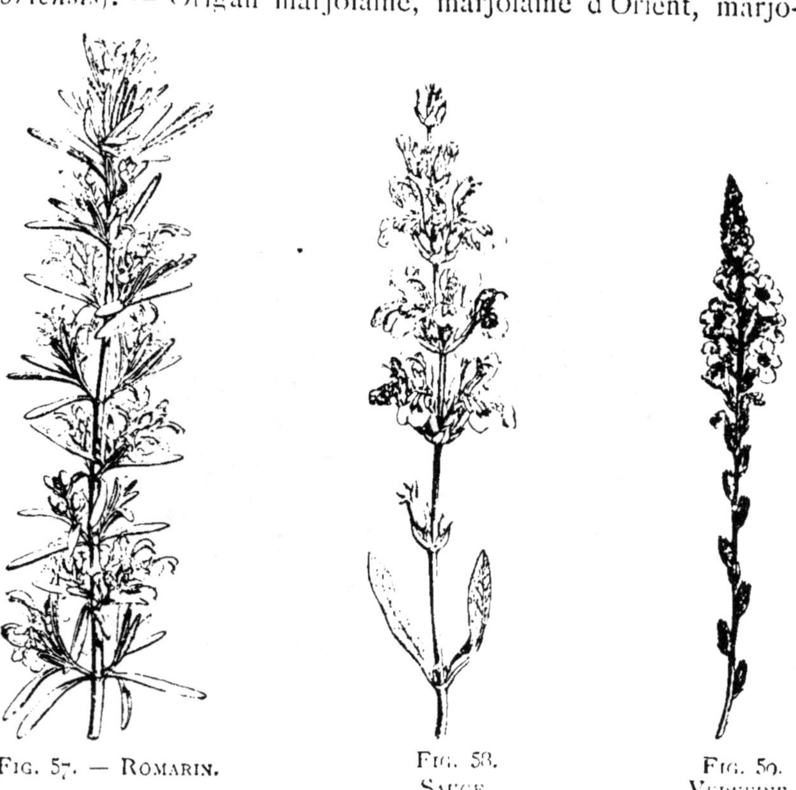

FIG. 57. — ROMARIN.   FIG. 58.
SAUGE.   FIG. 59.
VERVEINE.

laine des jardins, se récolte à la floraison, en juillet-août et donne, fraîche, à la distillation, 140 grammes d'essence par 100 kilos. L'essence de marjolaine du commerce est appelée *essence d'origan*. La marjolaine sèche se vend 1 franc le kilo.

34. Origan (*Origanum vulgare*). — La marjolaine sauvage se distille aussi.

Les essences de thym, de romarin, de sauge, de serpolet, de marjolaine, d'origan, communiquent à la graisse, l'huile, l'alcool, une odeur d'*herbe*; aussi ne les utilise-t-on guère que pour les *savons*. Leurs feuilles sèches pulvérisées entrent dans la confection des *sachets*.

Les eaux d'œillet, de girofle, de cassie, d'aubépine, de pivoine, de lis, de muguet, s'obtiennent encore avec l'eau salée comme pour les roses. De même pour la lavande, le romarin, la menthe, l'absinthe, le thym, la mélisse, dont les fleurs doivent macérer 24 heures.

35. Mélisse officinale ou **citronnelle** (*Melissa officinalis*). — Cultivée : deux récoltes avec arrosage, mai-juin et août-septembre ; 18000 kilos à l'hectare ; récolter avant floraison. Essence, 70 francs le kilo (odeur de citron).

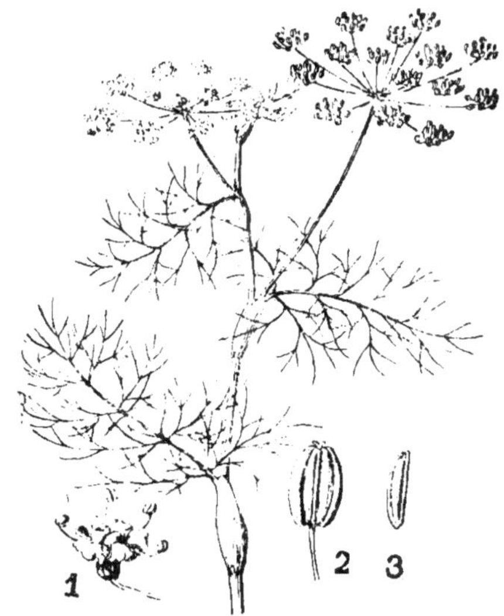

FIG. 60. — ANETH, 1, FLEUR, 2, FRUIT, 3, GRAINE.   FIG. 61. — ANIS.

La *mélisse à petites fleurs* (calamintha nepeta ou melissa nepeta) des sols secs et pierreux donne une essence rappelant celle de la *menthe poulliot*.

La *mélisse calament* (melissa calamintha) des lieux ombragés, en coteaux, donne une essence à odeur agréable.

L'essence de mélisse entre dans la composition de l'*Eau des Carmes* et de l'*eau d'argent* (aqua di argento).

Eau des Carmes : Mettre dans une cruche : 500 grammes sommités de mélisse, 15 grammes angélique, 125 grammes zeste de citron, 3 litres esprit de vin à 85 degrés. Après dix jours exprimer à travers un linge, puis additionner de quelques clous de girofle, 200 grammes coriandre, 40 grammes noix muscade, 40 grammes cannelle. Après huit jours passer et filtrer.

36. Verveine citronnelle (*Verbena triphylia*. Verbenacées). — Appelée encore verveine citronnée (sous-arbrisseau cultivé). Les feuilles froissées ont l'odeur du citron. Récolter les feuilles de préférence à la floraison (juillet à septembre). On en distille peu, l'extrait s'obtenant avec l'*andropogon nardus* (citronnelle de l'Inde).

La *verveine officinale* (fig. 50) (verbena officinalis), herbe sacrée, herbe du foie, herbe du sang, croît le long des chemins : elle donne par 100 kilos 60 grammes d'essence.

37. Ombellifères. — On distille surtout les *graines* des ombellifères. On cueille les ombelles avec précaution au fur et à mesure de leur maturité avec la rosée. On conserve en javelles jusqu'à la dessiccation, soit sur le champ, soit dans un endroit sec et aéré ; on bat sur une toile, vanne, crible, met à sécher les graines, puis les ensache ;

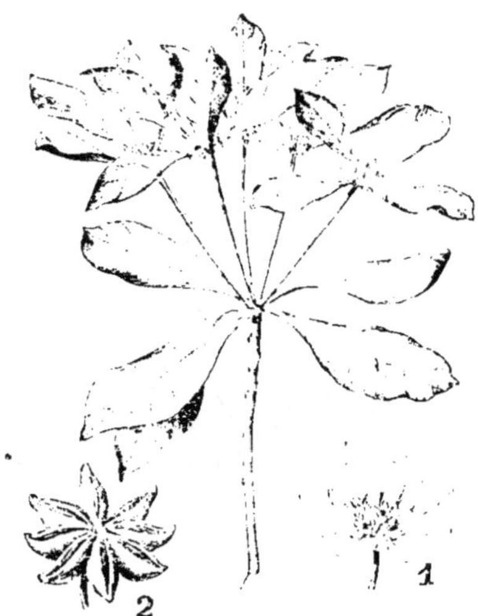

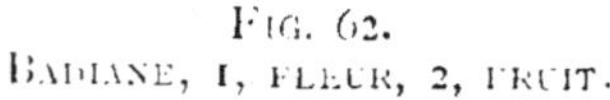

FIG. 62.
BADIANE, 1, FLEUR, 2, FRUIT.

FIG. 63. — CORIANDRE.

on entonne et conserve au sec. On utilise l'essence ou les graines en pâtisserie, en parfumerie (savon) et dans la fabrication des liqueurs (anisette). Avant la distillation à la vapeur laisser les graines dans l'eau ou les humecter de 12 à 24 heures.

38. Fenouil ou **anis doux** (*Anethum fœniculum*). — Récolte de juin à août. L'essence jaune clair se fige à + 10 degrés. Ne pas laisser l'eau du réfrigérant descendre au-dessous de 14 degrés. Elle vaut 23 francs le kilo ; celle du fenouil amer est un peu moins chère. Dans le commerce, les semences du fenouil de Nîmes valent 85 francs le quintal, celles d'Italie 130 francs. Le quintal de fruits bruts se vend 45 à 60 francs, on en récolte 1200 à 1500 kilos. L'essence de fenouil entre dans la fabrication de l'absinthe.

39. Fenouil bâtard ou **aneth** (fig. 60) (*Anethum graveolens*).
— Cent kilos de semences donnent 3 kilos d'essence jaunâtre,
vendue 43 francs le kilo. Les graines valent 190 francs le quintal.

L'eau de fenouil s'obtient en distillant 50 litres d'eau avec
13 kilos de semences, et l'on tire 25 litres.

40. Anis (*Pimpinella anisatum*) (fig. 61). — On le cultive
dans le Languedoc (très blanc, très aromatique) ; en Touraine

FIG. 64. — CARVI.

(pour la pâtisserie), en Lorraine, dans le Bordelais, le Tarn,
l'Espagne, à Malte, en Russie. On récolte en août-septembre.
A la distillation, 100 kilos de graines donnent 2 k. 5 d'essence
jaunâtre, se figeant à $+15°$[1]. Elle vaut 45 francs le kilo. Un hectare fournit en moyenne 650 kilos de graines du prix de 125 francs
le quintal. La *badiane* est l'*anis étoilé* (fig. 62), l'anis des Indes
ou de Chine.

L'eau d'anis se prépare comme l'eau de fenouil ; la *teinture*

---

1. La densité de l'essence d'anis varie entre 0,97 et 1. En vieillissant elle
peut arriver à 1,075 ; on doit laisser réchauffer le serpentin.

d'anis en faisant macérer quatre jours 1 kilogramme d'anis dans 3 litres d'alcool.

Le *cumin ou faux anis* (cuminum cyminum) est surtout cultivé à Malte.

41. Coriandre (*Coriandrum sativum*) (fig. 63). — Cultivée à Saint-Denis (Seine) et en Touraine.

42. Carvi (*Apium carvi*) (fig. 64). -- Ces deux plantes peuvent être comparées à l'anis comme rendements, prix, etc.

43. Angélique (*angelica archangelica*) (fig. 65). — Est cultivée principalement dans les Deux-Sèvres et la Loire-Inférieure. On la récolte en août. Les feuilles perdent leurs vertus par la dessiccation. La racine, la partie herbacée et les semences donnent une essence qui vient surtout de Bohême. 100 kilos de parties vertes en produisent 130 grammes. La racine ne doit pas avoir fructifié ; fraîche, elle rend 300 à 400 grammes d'essence, les semences de 750 grammes à 1 kilo.

Fig. 65. — Angélique.

Eau de racines : laisser macérer 48 heures dans l'eau 2 kil. 5 racine concassée, sel 500 grammes, eau 15 litres et distiller 10 litres.

44. Absinthe (*Artemisia absinthium*. Composées). — Appelée encore grande absinthe (fig. 66 et 66 bis), alvuine, armoise amère, herbe aux vers. Spontanée et cultivée. On récolte à la floraison. Renferme une essence bleue ou verte qui peut être un remède précieux et *un agent terrible*, selon l'usage. Il importe de *bien distiller*, une mauvaise distillation donnant un produit plus nocif. Ne traiter que les sommités de la plante. Ne pas *pousser* la distillation, c'est-à-dire ne pas prolonger la chauffe pour ne pas recueillir les principes résineux amers. La grande industrie emploie des *alambics spéciaux* (fig. 67). On colore quelquefois avec de la racine d'angélique (125 gr. par litre), de la petite absinthe (qui croît dans l'Ouest), etc. La plante fraîche donne une essence vert foncé: sèche, elle est jaunâtre; laisser tremper 12 heures dans l'eau avant de distiller.

Les fleurs et les sommités séchées à l'ombre conservent

Fig. 66. — Absinthe   Fig. 66 *bis*. — Sommité d'absinthe.

après la dessiccation leur odeur forte aromatique et leur saveur très amère.

44 *bis*. Moutarde noire (*Sinapis arvensis*. Crucifères) (fig. 68). — Récolter quand les siliques inférieures prennent une teinte jaune brunâtre; couper le soir ou le matin; sécher en javelles, battre, cribler.

La moutarde noire donne de 12 à 15 hectolitres à l'hectare, l'hectolitre valant environ 30 francs. L'essence jaunâtre se vend 125 francs le kilo. 100 kilos en rendent 450 grammes.

45. Sureau (*Sambucus nigra*. Caprifoliacées). — On ne fait que de l'eau de fleurs; distiller 13 à 14 litres du mélange suivant : 4 à 5 kilos de fleurs et 18 à 20 litres d'eau. Pour conserver ajouter 10 centilitres d'alcool rectifié. On peut aussi ne tirer que la moitié, ajouter 5 litres d'alcool et tirer, en redistillant, 2 litres. Étendre pour avoir l'eau ordinaire.

46. Rue (*ruta graveolens*. Rutacées) (fig. 69). — Croît dans les lieux montueux; on la distille surtout en Algérie. L'essence, liquide épais à odeur forte et désagréable, se fige facilement. On l'emploie en pharmacopée.

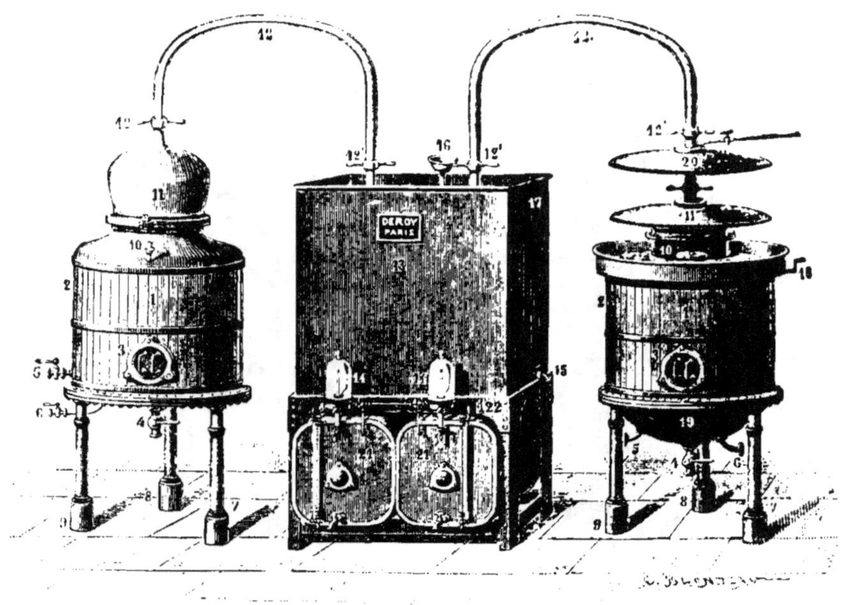

FIG. 67. — ALAMBIC A ABSINTHE (DEROY).

1, *cucurbite*; 2, *garniture bois*; 3, *tampon de décharge*; 4, *robinet de vidange*; 5, *piétement d'entrée de vapeur*; 6, *piétement de purge*; 7, 8, 9, *pieds en fonte supportant l'alambic*; 10, *bouchon à vis pour emplir*; 11, *chapiteau*; 12, *col-de-cygne*; 12' *raccord rapide*; 13, *réfrigérant contenant deux serpentins*; 14, *éprouvette sortie du serpentin*; 15, *robinet de vidange*; 16, *entonnoir*; 17, *trop-plein du réfrigérant*; 18, *trop-plein de la cuvette*; 19, *double fond*; 20, *lentille de rectification*; 21, *récipients de distillation*; 22, *support en fer*.

47. Concombre (*Cucumis sativus*. Variété jaune. Cucurbitacées) (fig. 69 *bis*). — La distillation ordinaire n'est pas suffisante. Distiller à trois reprises différentes de l'alcool sur des concombres fraîchement coupés.

48. Eucalyptus (*Eucalyptus globulus*. Myrtacées) (fig. 70). - On distille les feuilles et les boutons à fleurs. Donne une essence ambrée, très fluide, ayant pour base *l'eucalyptol* (se rapproche du camphre); c'est un agent hygiénique à odeur balsamique, antispasmodique. On la rectifie sur la potasse. 100 kilos de fleurs fraiches en donnent 2 kilogrammes valant de 10 à 15 francs l'unité de poids. Celle d'Australie (*mentha australis*) est moins chère.

49. Myrte (*Myrtus communis.* Myrtacées). — On tire des feuilles une *eau aromatique*, l'essence étant obtenue avec des éléments étrangers (imitation). Tou-

FIG. 68. — MOUTARDE.

FIG. 69 — RUE.

tefois, on peut en extraire environ 300 gr. par 100 kilos de feuilles. Elle servait à préparer *l'eau d'ange* (espèce d'eau de Jouvence).

50. Giroflier (*Myrtus aromaticus.* Myrtacées) (fig. 71). — Arbre des Moluques; mais on peut se procurer assez facilement des *clous* de girofle (boutons à fleurs) pour la distillation (6 à 7 francs le kilo). On les laisse macérer deux à trois jours, puis on distille à deux ou trois reprises en reversant chaque fois le liquide dans la cucurbite après avoir décanté l'huile (plus lourde que l'eau). Cette dernière est très employée en parfumerie.

Esprit de girofle. — Faire infuser deux jours 63 grammes de clous dans un litre d'alcool à 85 degrés.

51. Genevrier (*Juniperus communis.* Conifères) (fig. 72). — On distille les baies pour avoir l'huile essentielle à saveur chaude, amère et aromatique. — Le *genièvre* (gin) du commerce est ordinairement préparé en distillant de l'eau-de-vie

FIG. 6) *bis.* — CONCOMBRE.

sur des baies. On se contente quelquefois d'ajouter l'huile essentielle au liquide. L'*huile de cade* provient de la distillation du bois du *genévrier oxycèdre.*

52. Thuya (*Thuya articulata.* Conifères). — Le bois déchiqueté puis distillé fournit une essence dans la proportion de 2 pour 100 (Algérie). On distille aussi à la vapeur d'eau les feuilles du thuya occidental.

53. Amandes amères (*Amygdalus communis.* Var. Amara)

FIG. 73. — EUCALYPTUS.

(fig. 73). — On distille le tourteau qui a servi à obtenir l'huile d'amandes[1].

L'essence d'amandes amères n'existe pas toute formée, mais se dégage en présence de l'eau par dédoublement de l'amygdaline (en glucose et aldehyde benzoïque) sous l'action de l'émulsine. L'essence est accompagnée d'*acide cyanhydrique* (poison). Elle est plus lourde que l'eau, incolore. On la purifie par lavage à l'eau distillée, puis distillation en présence de potasse, de perchlorure de fer ou d'oxyde de mercure.

Le tourteau d'amandes broyé est arrosé d'eau et quelquefois additionné de sel. On distille après vingt-quatre heures avec 10 fois son poids d'eau. On peut placer la matière dans un sac de gros drap, ou encore l'étendre sur un tamis à travers

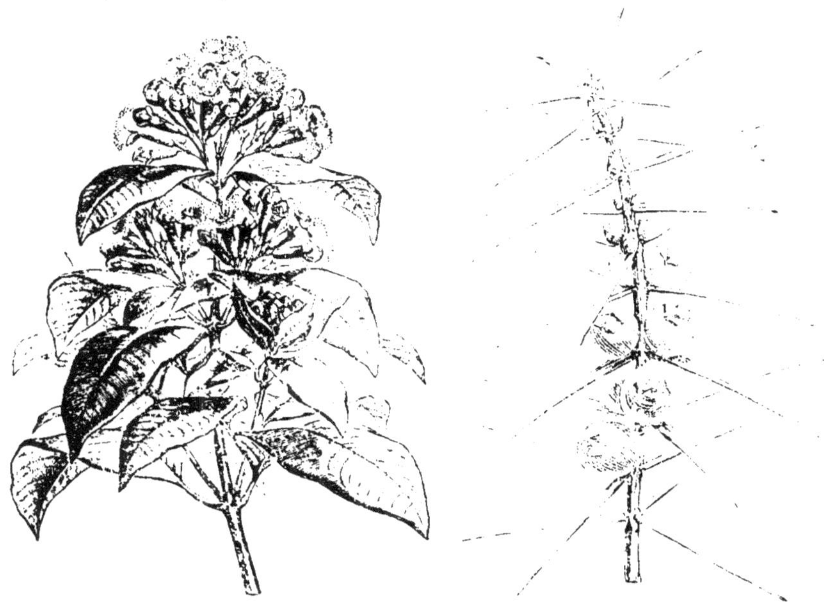

Fig. 71. — Giroflier.　　　　Fig. 72. — Genévrier.

lequel on fait passer la vapeur. 100 kilos de tourteau donnent environ 450 grammes d'huile. On obtient *l'esprit* en mettant 10 grammes d'huile dans un litre d'alcool.

54. Iris de Florence (*Iris florentina*. Iridées) (fig. 74). — Il donne des fleurs blanches à veines bleuâtres et barbes jaunes. Il croît spontanément en Provence et dans le Languedoc. On le cultive principalement dans l'Ain, en l'Italie, etc. *L'huile essentielle solide* (beurre d'iris), à *odeur de violette*, est obtenue par distillation[1] de la *poudre* macérée dans l'eau

---

1. Cette distillation doit être faite par la vapeur d'eau sous pression ; elle est longue et d'un prix de revient élevé.

des *rhizomes* récoltés de juillet à octobre après complète dessiccation des feuilles. On enlève la pellicule brunâtre, les divise et met à sécher au soleil. L'arrachage et le nettoyage reviennent à 20 centimes le kilo. Dans l'Ain, un hectare rend en moyenne 3200 kilos, en Italie 6000. 100 kilos de racines séchées à l'étuve donnent 80 kilos de poudre valant 1 fr. 90 le kilo. Le quintal de rhizomes entiers coûte 200 francs.

FIG. 73. — AMANDE AMÈRE.

FIG. 74. — IRIS DE FLORENCE.

Teinture d'iris : laisser macérer un mois 1 kilogramme de rhizomes concassés dans 1 lit. 5 d'esprit de vin, filtrer et presser.

On distille encore d'autres fleurs mais plus rarement, comme *l'œillet* alors qu'en avril-mai, à la deuxième floraison, tout en ayant encore du parfum la vente pour les bouquets étant à peu près terminée, le prix d'achat des fleurs est de 2 à 3 sous la douzaine.

On traite aussi le *réséda pyramidal*, semé très clair à la volée en pleine terre en avril, etc.

CHAPITRE II

MACÉRATION OU ENFLEURAGE A CHAUD

Nous avons vu que les huiles essentielles sont solubles dans les *matières grasses*. Lorsqu'on introduit des fleurs dans de *la graisse fondue ou de l'huile* chaude, et qu'on les y laisse *macérer* un certain temps, elles finissent par céder au liquide qui les dissout leurs principes odorants. C'est là le mode d'extraction le plus simple, ne nécessitant pas, à la rigueur, d'outillage compliqué. Il constitue, avec *l'enfleurage à froid*, les deux procédés par *dissolvants fixes* qui donnent de bien meilleurs résultats que la distillation (essences plus pures, parfums très délicats rappelant celui des fleurs, surtout avec *l'enfleurage à froid*).

On peut faire ainsi des **pommades** avec toutes les fleurs, mais on n'emploie guère que celles qui sont peu riches en essence, ou à essences *délicates* : rose, violette, cassie, oranger, héliotrope, chèvre-feuille, aubépine, lis, narcisse, lilas.

La *macération* s'opère dans de la graisse épurée et inodore[1] (mélange convenable de graisse de rognon de bœuf ou de mouton et de saindoux), corps qui dissout les parfums. On peut employer aussi l'*huile d'olive fine* ou *d'amandes*.

On fait fondre la graisse *au bain-marie* dans des bassines en cuivre étamé (ou en poterie), « bugadiers » (fig. 75 et 76). La température ne doit pas dépasser 60 degrés environ. On jette des fleurs triées autant que la matière en peut couvrir. On tient immergé et brasse avec une palette en bois ou mécaniquement. Après douze à quarante-huit heures on filtre et presse (fig. 77, 78) les fleurs et en remet de nouvelles.

---

1. La clarification des graisses constitue une industrie annexe spéciale. Pour de petites quantités : fondre au bain-marie, passer au tamis serré et la laisser couler dans de l'eau froide additionnée de sel ou d'alun. Répéter 3 ou 4 fois. En dernier lieu, laver à grande eau 5 ou 6 fois, et séparer bien les gouttelettes d'eau. Si pendant l'épuration on ajoute 3 grammes de poudre de benjoin par kilogramme de graisse, celle-ci se conserve longtemps. On peut encore additionner la graisse ou l'huile de 1 millième en poids d'acide salicylique.

On doit décanter l'eau qui s'écoule par pression des fleurs.

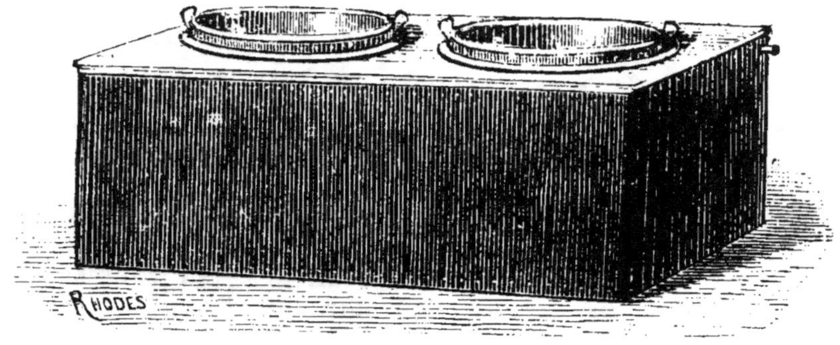

FIG. 75. — BAINS-MARIE (TOURNAIRE).

On répète ainsi jusqu'à concentration suffisante de la *pom-*

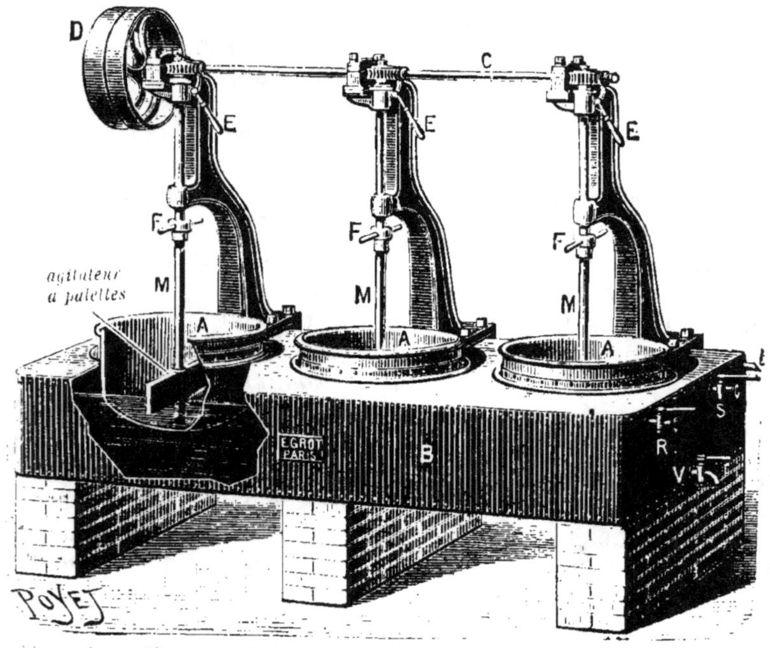

FIG. 76. — ENSEMBLE DES BAINS-MARIE A POMMADE, AVEC AGITATEURS
MÉCANIQUES (EGROT).

made ou de *l'huile* (degrés de force : 6, 12, 18, 24, ce dernier
le maximum). Après filtration on doit tenir la graisse à une

température convenable pour laisser déposer les debris. Avec l'huile on obtient *l'huile antique.*

Dans la *macération* à froid les fleurs sont mises dans une toile qui baigne dans l'huile. On les change tous les jours, pendant un mois.

Les corps gras en s'oxydant *rancissent* et nuisent à la suavité et à la délicatesse des parfums. La *paraffine* et la *vaseline*, matières absorbantes inaltérables, sont quelquefois employées, mais leur pouvoir absorbant est faible; en outre, la vaseline est un peu soluble dans l'alcool et, de plus, elle dissout les matières colorantes végétales.

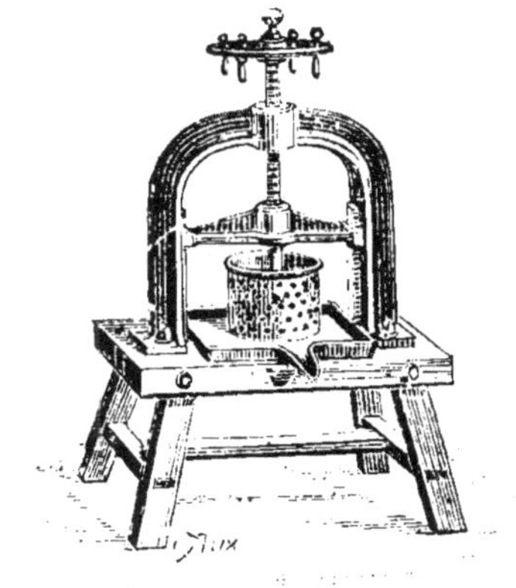

Fig. 77.
PRESSE A MAIN (BRÉHIER).

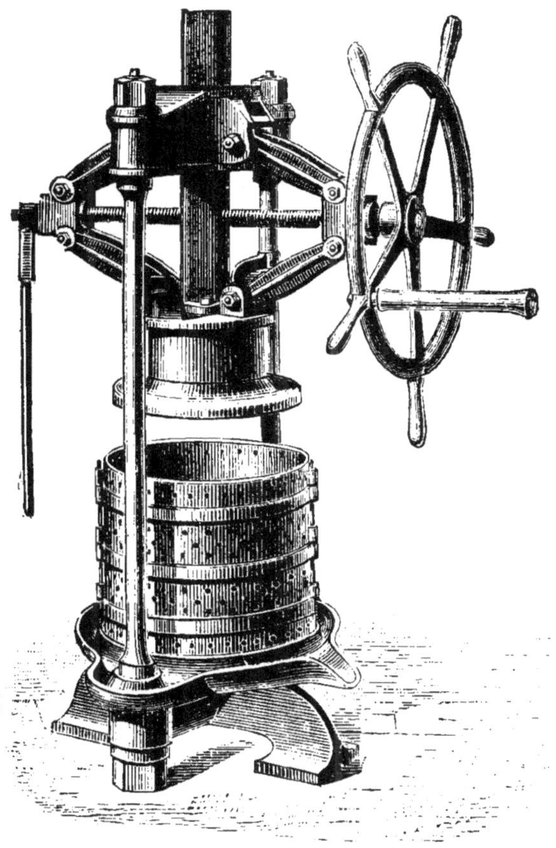

Fig. 78. — PRESSE ARTICULÉE (DESMARAIS et GEORGES MORANE Sucr).

Avec la vaseline on étale les fleurs entre les plateaux d'un filtre-presse chauffés à 50 degrés. On fait arriver la matière fondue à 60 degrés. Elle opère un épuisement *méthodique* en passant sur des fleurs de plus en plus riches. On distille ensuite le produit dans un alambic.

FLEURS TRAITEES PAR LA MACÉRATION

55. Oranger. — On prend une partie d'huile ou de graisse environ pour un tiers à une de fleurs. Après quelques heures on filtre et ajoute de nouvelles fleurs.

Les fleurs encore imprégnées sont tassées dans des sacs en forte toile et passées à la presse.

Il faut 8 kilos de fleurs (250 gram-

Fig. 79. — Violettes de Parme.

Fig. 80. — Acacia.

mes par chaque macération) pour 1 kilogramme de graisse.

56. Violette odorante (*Viola odorata*). — A Grasse, Nice, Vence, on cultive la *violette odorante*, la *violette de Parme* (fig. 79) et un peu la violette russe. On récolte, sans pédoncule, de février à avril (après les bouquets) le matin après le lever du soleil. On traite immédiatement. Une femme ramasse par jour de dix heures de 5 à 6 kilos de fleurs. La 3ᵉ année un hectare donne de 1000 à 1500 kilos de fleurs. Le kilo, payé autrefois 5 francs, ne vaut plus que de 75 centimes à 1 franc. Les frais d'établissement d'un hectare s'élèvent à environ 640 francs, ceux de culture à 870 francs — 100 kilos de fleurs donnent 3 à 4 grammes d'essence[1]. Il faut 4 kilos de fleurs pour enfleurer

---

1. On obtient l'essence en distillant les dissolvants volatils qui ont pris l'huile essentielle des fleurs.

1 kilo de graisse. La graisse est d'abord traitée par macération, puis on continue par enfleurage.

L'esprit obtenu en traitant les fleurs par l'alcool se vend de 25 à 30 francs le litre. L'essence seule est trop forte; il faut la diluer à $\frac{1}{5000}$ à $\frac{1}{10000}$ pour avoir le parfum de la fleur. On ajoute quelquefois un peu d'iris et de cassie.

57. Cassie ou **Acacie** (*Acacia* ou *mimosa farnesiana.* Légumineuses) (fig. 80). — Arbrisseau cultivé dans la région de Grasse, Nice, en Algérie et Tunisie[1].

On récolte de septembre à décembre, après la rosée, 1500 à 2000 kilos par hectare, 5 à 7 et même 10 francs le kilo. 100 kilos de fleurs donnent 300 à 400 grammes d'essence valant 2500 à 3000 francs le kilo. Mais on fait surtout de la pommade. Il faut 2 kilos de fleurs pour parfumer 1 kilo de graisse (on renouvelle 8 à 10 fois les fleurs[2].) Les arbrisseaux, espacés de 2 à 3 mètres en tous sens, produisent à 3 ou 4 ans et sont en plein rapport à 5, 6 ans.

Fig. 81. — HÉLIOTROPE.

58. Héliotrope (*Héliotropium peruvianum.* Borraginées) (fig. 81). — Récolter les corymbes de juin à novembre. On les vend 4 à 5 francs le kilo. L'huile d'héliotrope 35 francs. L'odeur ressemble à un mélange *d'amandes* et de *vanille.*

On traite encore par la *macération* le *lis* avec l'huile d'amandes douces ou d'olive (laisser séjourner un jour au moins et renouveler une douzaine de fois); la *rose* (10 kilos pour 1 kilo de graisse); le *seringa* (*Philadelphus coronarius.* Myrtacées), dont l'odeur ressemble à celle de la fleur d'oranger (en Amérique : faux oranger), etc.

---

1. Dans la région de Grasse on cultive deux variétés dénommées la *romaine* et *l'ancienne.* La première, moins appréciée, donne en outre une récolte en avril-mai.

2. MM. Roure-Bertrand fils de Grasse traitent aussi le mimosa dealbata qui fleurit dès fin janvier, les fleurs de genêt dont l'essence liquide « unit à l'arome le plus exquis de la fleur une grande ténacité ».

CHAPITRE III

ENFLEURAGE

Ce procédé diffère du précédent en ce qu'il opère à froid avec de la graisse solide ou de l'huile. On obtient ainsi le parfum tel, pour ainsi dire, qu'il se dégage des fleurs. Il donne d'excellentes essences et pommades.

Cette méthode d'extraction est réservée pour les fleurs dont le parfum trop fragile craint la *chaleur* : jasmin, tubéreuse, réséda, muguet, pois de senteur. Elle donne un arome très délicat, mais le procédé est long.

Sur un *châssis vitré* (cadre de bois entourant une glace en verre) de dimensions variables, mais ne dépassant guère 0 m. 90 × 0 m. 60 × 0 m. 08, on répartit de la graisse avec une *spatule* (enfleurage à la graisse). graisse qui a parfois déjà servi à la macération (violette, réséda). Un cadre en bois mobile sans glace et qui s'emboîte exactement dans le premier sert à mieux limiter l'étendue de la graisse.

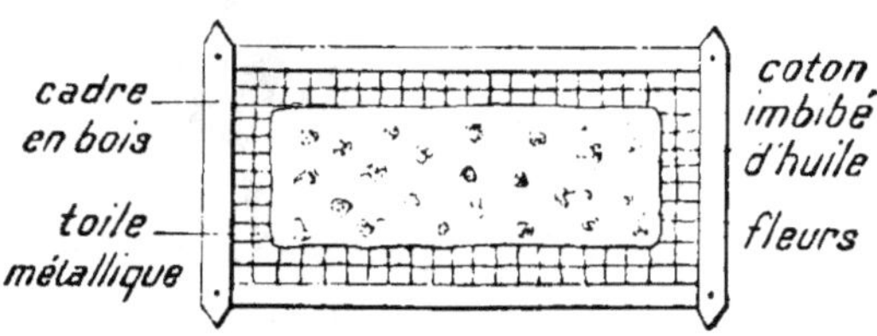

Fig. 82. — Châssis en toile métallique.

Avec l'*enfleurage à l'huile*, on substitue au verre un *treillage métallique* (fig. 82) sur lequel on dispose des morceaux de *molleton de coton* imprégnés d'huile d'olive.

On *enfleure*, on jette les fleurs soit sur la graisse, soit sur l'huile, puis l'on empile les châssis l'un sur l'autre ; après douze à soixante-douze heures, suivant les fleurs, on enlève celles-ci et en met de nouvelles jusqu'à saturation du corps gras, ce qui peut durer deux à trois mois (ordinairement pendant tout le temps de la récolte).

Les molletons dégarnis de fleurs sont passés à la presse (fig. 83) pour obtenir l'*huile antique*.

Méthode Piver (méthode pneumatique ou de saturation rationnelle). — Les fleurs sont placées dans un récipient communiquant avec un second dans cquel est un liquide gras maintenu en agitation. On lance un courant d'air froid convenablement réglé qui passe sur les fleurs, puis sur la graisse. Ici la graisse n'étant pas en contact avec les fleurs ne peut les altérer ou en extraire des principes nuisibles.

FLEURS SOUMISES A L'ENFLEURAGE

59. Jasmin à grandes fleurs (*Jasminum grandiflorum*. Jasminées) (fig. 84). — Dans la région de Grasse on cultive

Fig. 83. — Presses hydrauliques (Usine Bruno-Court).

surtout le jasmin à grandes fleurs ou jasmin d'Espagne, en Algérie le *jasmin commun*. On récolte les fleurs de juillet à octobre, le matin aussitôt la rosée passée, jusqu'à 9-10 heures, ou le soir. Par l'irrigation on obtient plus de fleurs moins odorantes. Une femme ramasse par jour 2 kilos à 2 kil. 5 et gagne 50 à 60 centimes le kilo. L'enfleurage dure tout le temps de la récolte. Un hectare de 12000 pieds donne

2400 à 3000 kilos valant, fraîches, 1 fr. 50 à 2 francs, même
4 francs. Il faut au moins 3 kilos
de fleurs pour 1 kilo de graisse.
A Paris l'huile de jasmin vaut

FIG. 84. — JASMIN D'ESPAGNE.

FIG. 85. — TUBÉREUSE.

24 francs le kilo. 100 kilos de fleurs donnent 12 à 13 grammes
d'essence. Celle de Tunis, d'Andrinople,
coûte 16 500 francs.

FIG. 86.
NARCISSE CULTIVÉ.

60. Tubéreuse (*Polyanthes tuberosa.*
Amaryllidées). — La tubéreuse (fig. 85)
fournit une des plus suaves senteurs,
très recherchée en parfumerie. On la
cultive dans la région de Grasse. On
la récolte d'août à septembre de onze
à trois heures, rapidement, à mesure
qu'elle s'épanouit. Les frais de cueillette s'élèvent de 0 fr. 10 à 0 fr. 15
par kilo. La fleur vaut jusqu'à 5 francs et
en moyenne 2 fr. 50. Un hectare fournit
2000 à 2500 kilos. Il faut 3 kilos de fleurs
pour 1 kilo de graisse.

61. Jonquille ou **Narcisse jonquille**
(*narcissus jonquilla.* Narcissées) (fig. 86).

— On cultive la grande variété. La récolte a lieu de février à avril. La fleur se vend 2 à 3 francs et même 6 francs le kilo. On traite aussi le *narcisse des prés*, qui croît dans les hautes vallées de l'arrondissement de Grasse, mais par les dissolvants.

62. Muguet des bois (*Convallaria majalis*. Asparaginées)

FIG. 87. — MUGUET DES BOIS.

(fig. 87). — On le récolte d'avril à juin et le vend 3 fr. 5 environ le kilo. Autrefois on utilisait l'eau de muguet de distillation.

63. Réséda (*Reseda odorata*. Résédacées). — On utilise surtout le réséda pyramidal à grandes fleurs. On cueille les sommités le matin après la rosée. Elles valent 2 fr. 5 le kilo. Un hectare en fournit 2000 kilos. 100 kilos donnent 3 gr. 5 d'essence.

EXTRAITS

Les *pommades* et *huiles* obtenues par macération et enfleurage peuvent être conservées telles quelles, mais on les traite aussi par l'*alcool* pour obtenir des *extraits*, et par mélange de ces derniers faire des *bouquets*. Nous avons vu que l'on obtient encore des extraits en diluant les essences dans de l'alcool, dissolution que l'on peut ensuite distiller, mais les extraits ainsi préparés ne valent pas ceux qui sont tirés des pommades. D'ail-

Fig. 88. — Agitateur a palettes.　　Fig. 89. — Agitateurs a palettes.

leurs, certains parfums n'existent le plus souvent que sous cette forme : jasmin, tubéreuse, cassie (ce n'est que par des procédés très coûteux que l'on peut en tirer l'huile essentielle)[1].

Dans des appareils spéciaux *à agitateurs à palettes* (fig. 88, 89), on introduit de l'alcool, puis la pommade, que l'on coule fondue pour la mieux diviser en la faisant passer à travers une passoire. Si le récipient n'est pas pourvu d'agitateurs on laisse une semaine ; sinon on introduit la pommade en gros

---

1. Les *alcoolés* sont obtenus en laissant les plantes macérer dans l'alcool et en renouvelant pour avoir divers degrés de force (1er, 2e, 3e). Les *alcoolats, esprits, extraits*, viennent de la macération, digestion, infusion, de la matière, plus ou moins divisée, dans l'alcool, puis distillée avec de l'eau en ne retenant que les produits de cœur. Pour toutes fleurs. lavande, hysope. oranger, œillet. mélisse, mettre 1 partie eau, 1 partie fleurs. 2 parties 5 d'alcool, ne prendre que les 4 cinquièmes du distillat, écarter tête et queue.

morceaux et agite plusieurs heures. Il se forme une masse crémeuse qu'on laisse ensuite au repos. On décante l'alcool qui a dissous l'essence retenue par la graisse. Celle-ci est placée sur un entonnoir et on laisse égoutter. On la fond

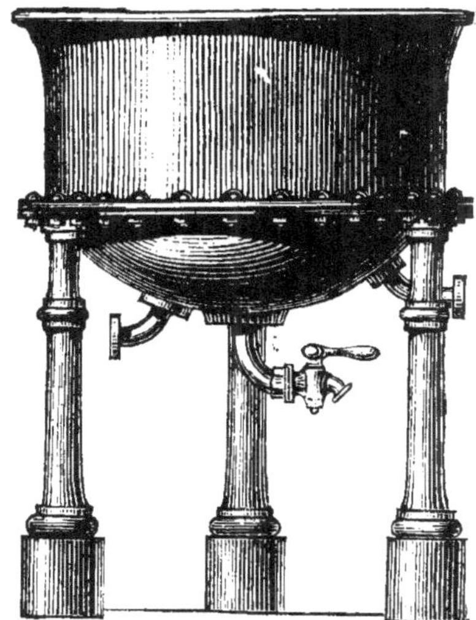

FIG. 90. — CHAUDIÈRE A BAIN-MARIE (TOURNAIRE).

FIG. 90 *bis.* — AGITATEUR A BOMBES CRISTAL SUR PLATEAU CIRCULAIRE (SAVY, JEANJEAN).

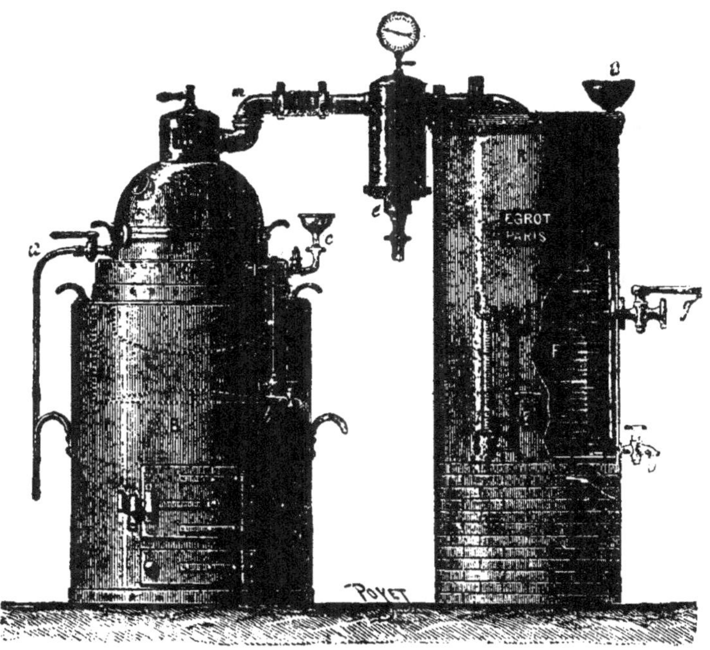

FIG. 91. — APPAREIL A VIDE DE LABORATOIRE NOUVEAU MODÈLE AVEC COUPOLE MOBILE (EGROT).

ensuite au bain-marie (fig. 90) pour décanter ce qui reste d'essence (après refroidissement). Parfois l'on distille encore cette graisse, on la traite par l'alcool pour en extraire les dernières traces d'essence. Finalement, la graisse épuisée sert à faire des cosmétiques et des savons de couleur.

L'huile, elle, est mise dans de larges fioles que l'on place sur un appareil agitateur (fig. 90 *bis*). L'alcool ainsi obtenu peut

FIG. 91 *bis*. — APPAREIL A CONCENTRER DANS LE VIDE (BRÉHIER).

être refroidi (dans des tubes) pour faire déposer les matières grasses.

Enfin les extraits sont aussi distillés dans le vide et concentrés (fig. 20, 91 et 91 *bis*).

EXEMPLES.

Oranger. — 600 grammes de pommade dans 1 litre d'alcool. Laisser un mois à la température de l'été.

Violettes. — 800 grammes de pommade n° 24 dans 1 litre d'alcool.

Jasmin. — 1 kilogramme de pommade et 1 litre d'alcool.

Tubéreuse. — 800 grammes de pommade et 1 litre d'alcool; laisser un mois. Décanter et filtrer sur coton. On ajoute quelquefois de l'eau de fleurs d'oranger (plus délicat), et pour fixer l'huile volatile 30 grammes de teinture de styrax ou 15 grammes d'extrait de vanille par litre de tubéreuse.

Cassie. — 600 grammes de pommade par litre d'alcool.

Réséda. — 800 grammes de pommade par litre d'alcool. Filtrer après 15 jours et ajouter 20 grammes d'extrait de tolu (fixite).

CHAPITRE IV

DISSOLVANTS VOLATILS

Les matières grasses, la vaseline, la paraffine, qui sont employées dans la *macération* ou *l'enfleurage*, sont appelées **dissolvants fixes**. Mais les *essences* sont aussi solubilisées, nous l'avons dit, par *l'éther*, le *sulfure de carbone*, le *chlorure de méthyle*, *l'éther de pétrole*, liquides, que l'on peut faire dégager à l'état de vapeurs par l'action de la chaleur, d'où leur nom de **dissolvants volatils.**

Lorsque les fleurs ont suffisamment baigné dans ces solvants on soutire ces derniers, puis on les chauffe au bain-marie pour les séparer de l'essence qu'ils ont dissoute.

Cette méthode d'extraction, imaginée par Robiquet et rendue pratique par Naudin, est très délicate et du ressort de la grande industrie. Le choix du dissolvant ou des mélanges de dissolvants n'est pas indifférent, suivant les matières à traiter. En outre, lorsque ces derniers ont agi, il faut des appareils compliqués (fig. 62) pour les chasser entièrement et entraîner aussi la cire et les substances grasses, ou encore faire disparaître la coloration due au pigment des fleurs. La distillation des solvants inflammables demande de multiples précautions, mais on peut abaisser la température du milieu par l'application du vide. Le solvant le plus employé est l'*éther de pétrole*.

Ce procédé, outre qu'il donne de meilleurs rendements, permet d'obtenir le *parfum pur* : l'essence solide, l'essence liquide, l'essence absolue, avec toute la finesse et la suavité de la fleur, très fixe, d'une grande puissance, dégagée des produits ordinaires, cires, matières grasses. Le prix est très élevé (jusqu'à 25 000 fr. le kilogramme). Certaines de ces essences donnent directement dans l'alcool l'odeur des fleurs.

On traite ainsi le jasmin, l'œillet, la tubéreuse, le narcisse, etc.

Application à la rose. — Il résulte des recherches de M. Gravereaux, qui est allé étudier spécialement la distillation de la rose dans la Péninsule des Balkans, qu'on aurait grand intérêt à appliquer le procédé des solvants volatils à cette fleur traitée ordinairement par la distillation. Par cette dernière méthode, en effet, une grande partie de *l'alcool phényléthylique* soluble dans l'eau reste dans l'eau de rose : or, c'est le principe le plus important de l'essence.

Le *géraniol et le citronnellol*, eux, sont insolubles dans l'eau. En outre, la vapeur d'eau entraîne une certaine proportion de cire végétale (stéaroptène) qui se solidifie entre 18 et 25 degrés.

D'après l'auteur en question l'éther de pétrole (D = 630) devrait être employé à un épuisement *méthodique* des pétales. La distillation ne devrait pas se faire au-dessus de 70 degrés ; puis un traitement spécial entraînerait la *stéaroptène*.

En opérant ainsi, M. Gravereaux a obtenu de l'essence dosant 25 pour 100 d'alcool *phényléthylique*, alors que l'essence de Bulgarie n'en contient que 1 pour 100, et la proportion de *stéaroptène* n'excéderait pas 18 pour 1000. En résumé, *rendement plus élevé d'une essence plus pure*.

MM. Gravereaux (Fontenay-aux-Roses) et Cochet-Cochet (à Coubert, Seine-et-Marne) ont obtenu deux variétés de roses : l'*Hay* et la *roseraie de*

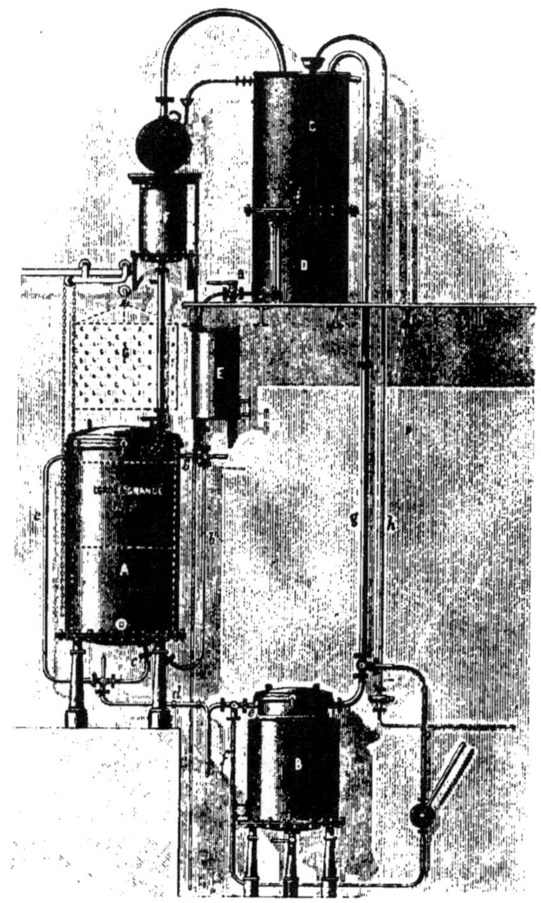

FIG. 92. — APPAREIL POUR L'EXTRACTION DES PARFUMS PAR LES DISSOLVANTS VOLATILS (EGROT).

A, *récipient des plantes ; B, récipient pour les dissolvants chargés d'essences ; C, réfrigérant ; D, récipient à dissolvant ; E, réchauffeur chauffé par serpentin ; F, rectificateur à colonne ; G, panier à plantes ; h, tuyau amenant l'eau au réfrigérant ; g, tuyau conduisant le dissolvant à l'état de vapeur au récipient supérieur ; b, tuyau conduisant le dissolvant au bas du récipient A.*

l'*Hay*, toutes deux hybrides du *Rosa rugosa* ou rosier du Japon et du Kamtchatka, et toutes deux aussi très rustiques et très productives.

La variété *roseraie de l'Hay* donne 640 kilogrammes de fleurs à l'hectare et 5 kilogrammes 120 d'essence pure valant, a 1000 francs le kilo, 5120 francs.

CHAPITRE V

EXPRESSION

Lorsque la matière à traiter est *très riche* en essence et a ses tissus assez lâches pour laisser sortir celle-ci par le seul effet de la force mécanique, on emploie la méthode dite par *expression*.

Le *zeste* des *oranges, cé-*

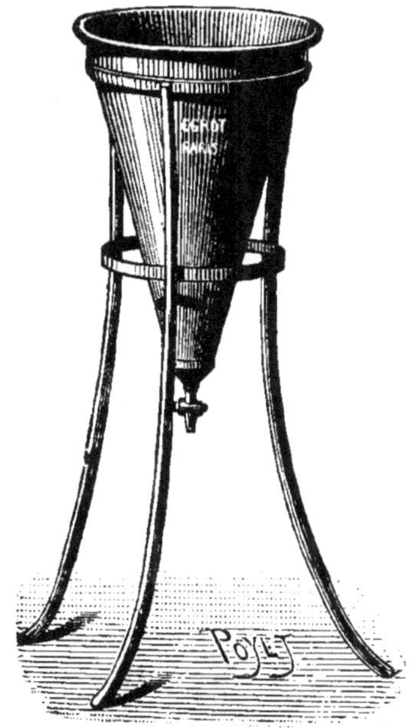

FIG. 93.
FILTRE CONIQUE AVEC PIED
EN FER (EGROT).

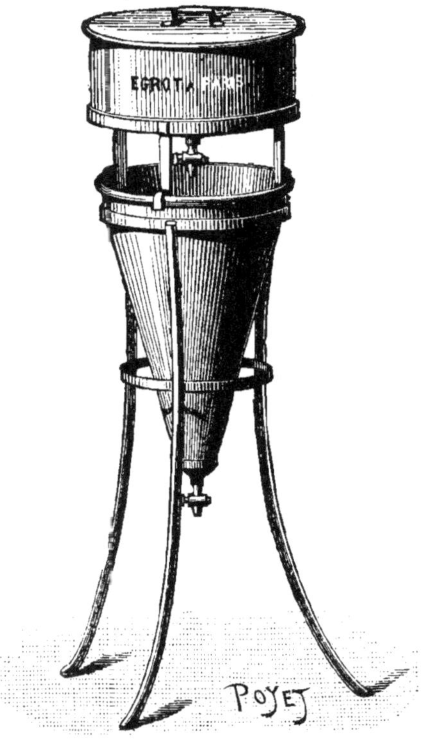

FIG. 94.
FILTRE CONIQUE AVEC PIED EN FER
ET RÉCIPIENT DISTRIBUTEUR (EGROT).

drats, bergamotes, peut être distillé (essence distillée), mais souvent on exprime l'*huile des vésicules* (essence au *zeste*). On *râpe* la partie colorée de la peau, puis presse dans des sacs de crin ou de laine ou encore à nu. Quelquefois le résidu est encore distillé. Souvent aussi on presse au contact d'éponges mouillées que l'on exprime à leur tour (Calabre, Sicile). Enfin on utilise encore l'*écuelle* à piquer, dans le manche de laquelle on reçoit le liquide. C'est une sorte de coupe hérissée de pointes et percée au centre d'une ouverture qui correspond au manche creux.

Le produit obtenu est laissé au repos. Il se sépare en deux couches dont l'une est constituée surtout par de l'eau. L'autre, très colorée, est décantée puis filtrée sur papier ou coton cardé (fig. 93 et 94).

L'essence ainsi obtenue est plus odorante que celle de distillation, mais elle est moins pure, chargée de mucilages ; elle dépose assez longtemps, surtout si le récipient est mal bouché (oxydation par l'air). Cette essence est souvent rectifiée par distillation, mais elle perd de sa finesse.

64. Bergamote (*Citrus bergamia*. Aurantiacées) (Messine) (fig. 95). — 100 fruits donnent environ 80 à 90 grammes d'essence valant 100 francs le kilo. On la falsifie avec celle de citron. 50 gr. dans un litre d'alcool constituent l'*esprit de bergamote*.

Fig. 95. — BERGAMOTE.

65. Cédrat (*Citrus medica*). — On a l'extrait en ajoutant 100 grammes d'essence à 1 litre d'alcool. On ajoute parfois 30 grammes de bergamote.

66. Limon ou **citron** (*Citrus limonum*). — Il donne l'*essence de citron* (Messine). On la purifie en l'agitant avec de l'eau chaude et en décantant.

Pour l'*extrait*, mettre 45 grammes d'essence par litre d'alcool. Elle entre dans la composition de l'eau de Cologne. On l'emploie aussi mélangée avec le romarin, le carvi, les clous de girofle.

Esprit de citron. — Mettre dans 1 litre d'alcool à 85 degrés 14 grammes essence de citronnelle et 28 grammes essence de citron. On laisse encore macérer 100 zestes dans 15 litres d'alcool à 90 degrés et 5 litres d'eau, distiller et retirer 15 litres en séparant 1 litre de tête et 2 litres de queue.

67. Orange douce (*Citrus aurantium*). — Elle donne l'essence de Portugal, base de l'eau de Lisbonne, de l'eau de Portugal. Le *zeste* des fruits amers donne l'essence de bigarade. *Esprit d'orange* : 1 litre d'alcool, 14 grammes essence petit-grain, 28 grammes essence d'écorce d'orange.

CHAPITRE I

LES PARFUMS ARTIFICIELS OU SYNTHÉTIQUES

Il ne faut pas confondre les essences d'imitation obtenues par des mélanges divers d'*essences naturelles* reproduisant le parfum de fleurs qui n'entrent elles-mêmes pour rien dans ces compositions, avec les vrais *produits de synthèse* que la chimie moderne fabrique de toutes pièces en mettant souvent à contribution des matières tirées des végétaux.

Nous citerons seulement quelques exemples.

La **nitrobenzine** (benzine traitée par un mélange d'acide nitrique et d'acide sulfurique) ou **essence** de **mirbane** a l'odeur de l'essence d'*amandes amères* et remplace celle-ci dans les savons et la teinture.

La **violette artificielle** ou **ionone** s'obtient en faisant réagir l'irone, de l'iris, le *citral* et l'acide sulfurique.

Le **wintergreen** (essence de la plante *Gaultheria procubens*) est fabriqué artificiellement avec de l'alcool de bois (méthylique), de l'acide sulfurique et de l'acide salicylique. ce qui donne l'éther méthylsalicylique constituant l'essence naturelle.

Le **géranium** est produit par l'action de l'acide azotique sur l'essence de *rue*, ce qui donne naissance à de l'acide *pélargonique*.

De même on fabrique des *essences de fruits* pour les confiseurs et les liquoristes : *essence de pommes* (valérianate d'oxyde d'amyle), de *poires*, de *coings*, d'*abricots*, d'*ananas*, de *groseilles*, de *raisins*, de *cognac*, etc.

Ces essences artificielles *n'ont pas* le fleuri, la délicatesse, la suavité, la fixité des produits naturels, mais elles ont créé une parfumerie à bon marché qui diffuse, vulgarise, pour ainsi dire, le goût des parfums dans le grand public et contribue ainsi à accroître la consommation des essences naturelles. A ce titre, on ne saurait les condamner.

CHAPITRE II

RECETTES ET FORMULES

IMITATIONS

EXTRAIT ARTIFICIEL DE POIS DE SENTEUR.

Extrait de tubéreuse. . . . . 28 centilitres.
  — de fleurs d'oranger. . . . . 28 —
  — de pommade à la rose . . . . . . 28 —
  — de vanille. . . . . 28 grammes.

(Ce dernier pour donner de la permanence au parfum.)

IMITATION DE LIS DE LA VALLÉE.

Extrait de tubéreuse. . . . . 28 centilitres.
  — de jasmin. . . . . 28 grammes.
  — de fleurs d'oranger. . . . . 56 —
  — de vanille. . . . . 85 —
  — de cassie. . . . . 14 centilitres.
  — de rose. . . . . 14 —
Essence d'amandes. . . . . 3 gouttes.

EXTRAIT ARTIFICIEL D'ŒILLET.

Esprit de rose . . . . 28 centilitres
  — de fleurs d'oranger . . . . 14 —
  — de fleurs d'acacia . . . . 14 —
  — de vanille . . . . 56 grammes.
Essence de girofle . . . . 10 gouttes.

EXTRAIT ARTIFICIEL DE VIOLETTE.

Extrait de pommade de cassie . . . . 0 lit. 56
  —   — de rose . . . . 0 lit. 28
  —   — à la tubéreuse . . . . . . 0 lit. 28
Teinture d'iris . . . . 0 lit. 28
Essence d'amandes. . . . . 3 gouttes.

EXTRAIT ARTIFICIEL D'ÉGLANTINE.

Extrait de pommade à la rose	0 lit.	57
— à la cassie	0 lit.	14
— à la fleur d'oranger	0 lit.	14
Esprit de rose	0 lit.	14
Essence de néroli	68 centigrammes.	
— de verveine	88	—

IMITATION D'ESSENCE DE MYRTE.

Extrait de vanille	0 lit.	28
— de rose	0 lit.	56
— de fleurs d'oranger	0 lit.	28
— de tubéreuse	0 lit.	28
— de jasmin	62 gr.	2

POMMADE A LA VIOLETTE.

Panne épurée	500 grammes.	
Pommade à la cassie épuisée	170	—
Pommade à la rose épuisée	113	—

EAU DE COLOGNE.

Esprit-de-vin	27 lit.	20
Essence de néroli bigarade	87 grammes.	
— de romarin	56	—
— de zeste d'orange	141	—
— de zeste de citron	141	—
— de bergamote	56	—

aisser reposer quelques jours.

La préparation suivante est de moins bonne qualité :

Alcool de grain	27 lit.	20
Essence de petit-grain	20 grammes.	
— de néroli bigarade	14	—
— de romarin	56	—
— d'écorce d'orange	113	—
— de citron	113	—
— de bergamote	113	—

L'eau de Cologne se bonifie en vieillissant. La Maison Jean Farina la tient dans des barils en bois de cèdre du Liban, qui conserve admirablement le parfum.

EAU DE PORTUGAL.

Alcool.	4 lit. 54
Essence d'écorce d'orange.	225 grammes.
— de zeste de citron.	56 —
de bergamote.	28 —
— de rose	7 —

EAU DE LISBONNE.

Alcool.	4 lit. 54
Essence d'écorce d'orange.	113 grammes.
— de zeste de citron.	56 —
— de rose	7 —

EAU DE HONGRIE.

Alcool	4 lit. 54
Essence de romarin	56 grammes.
d'écorce de citron	28 —
de mélisse.	28 —
de menthe.	8 —
Esprit de rose.	56 centilitres.
Extrait de fleurs d'oranger	56 —

BOUQUET DE LA REINE D'ANGLETERRE.

Esprit de rose (de pommade.	0 lit. 56
Extrait de violette (de pommade).	0 lit. 56
de tubéreuse.	0 lit. 28
— de fleurs d'oranger	0 lit. 14
Essence de bergamote.	7 gr. 08

VIOLETTE DES BOIS.

Extrait de violette.	0 lit. 56
— d'iris	85 gr. 01
— de cassie	85 gr. 01
— de rose (de pommade).	85 gr. 01
Essence d'amandes.	3 gouttes.

ESPRIT ÉCONOMIQUE.

Esprit-de-vin	0 lit. 56
Essence de lavande.	14 grammes.
— de bergamote	14 —
— de girofle	1 gr. 77

BAUME DE NÉROLI.

Pommade à la rose de Grasse	250 grammes.
— au jasmin	250 —
Essence de néroli	1 gr. 77
Huile d'amandes	375 grammes.

BAUME DE FLEURS.

Pommade à la rose de Grasse	340 grammes.
— à la violette	340 —
Essence de bergamote	7 —
Huile d'amandes	1000 grammes.

VINAIGRE DE TOILETTE A LA VIOLETTE.

Extrait de cassie	0 lit. 25
— d'iris	0 lit. 12
Esprit de rose triple	0 lit. 12
Vinaigre de vin blanc	1 litre.

VINAIGRE DE FLEURS.

Vinaigre d'Orléans	1 litre.
Roses de Provins fraîches	50 grammes.
Roses cent-feuilles fraîches	50 —
Fleurs de jasmin fraîches	20 —
— de reine des prés fraîches	25 —
— de mélilot fraîches	25 —
Feuilles de verveine citronnée	20 —

Les vinaigres de fleurs se préparent avec 100 grammes de pétales secs et 1 litre de bon vinaigre. Après un mois filtrer.

EAU DENTIFRICE.

Essence de menthe	4 grammes.
Anis	34 —
Un gros de girofle	7 —
Cannelle	7 —
Demi-gros de cochenille	2 —

Faire infuser dans un litre d'esprit-de-vin durant 6 semaines puis filtrer.

CHAPITRE III

COOPÉRATIVE DE PRODUCTEURS

Les producteurs de plantes à parfums ont grand intérêt, comme tous leurs collègues du monde agricole, à se solidariser pour la vente de leurs produits. Nous ne nous attarderons pas à exalter ici les principes si féconds de l'union de toutes les individualités dans un même but de sauvegarde des intérêts de chacun. Mais remarquons que les plantes et fleurs à parfums sont matières éminemment périssables, et que, dans l'attente de prix de vente plus rémunérateurs, l'association doit avoir la possibilité de les traiter elle-même. Si elle ne veut pas installer une usine, comme l'a fait l'Union des producteurs de fleurs d'oranger de la région de Vallauris (A. M.), coopérative créée sur l'initiative de notre regretté collègue M. Gagnaire, elle peut faire distiller par un industriel. D'autre part, les syndicats agricoles pourraient se procurer un certain nombre d'appareils qu'ils loueraient à leurs adhérents réunis en groupes. *Une parfumerie coopérative* pour la préparation et la vente des parfums serait l'idéal ; mais la question est délicate à résoudre, étant donnés la nature de la marchandise à écouler et les capitaux nécessaires. A ce sujet on cherche précisément à constituer dans la plaine de Grasse un *syndical* de producteurs de fleurs et, en outre, à créer une *parfumerie coopérative* pour tirer un meilleur parti des récoltes.

A titre de renseignement et de guide, nous publions plus loin les statuts de la coopérative des Alpes-Maritimes, la première du genre à notre connaissance, ainsi que quelques figures de l'usine de distillation qu'elle a fait construire au Golfe-Juan [1] (fig. 96, 97, 98).

---

1. Cette usine a coûté 150 000 francs (bâtiment et matériel). Elle est pourvue d'une machine à vapeur et de 9 alambics traitant chacun 1000 kilos de fleurs. Sous le hall sont 18 réservoirs contenant 60 000 litres d'eau de fleurs.

CHAPITRE IV

STATUTS

SOCIÉTÉ COOPÉRATIVE DE PRODUCTION

DES

PROPRIÉTAIRES D'ORANGERS DES ALPES-MARITIMES

Société anonyme à personnes et capital variables.

TITRE I

CONSTITUTION — OBJET — DÉNOMINATION
SIÈGE — DURÉE

ARTICLE PREMIER. — Entre les soussignes et ceux qui, par la suite, adhéreront aux présents statuts par la souscription d'une ou plusieurs parts, il est formé une société coopérative de production à capital et à personnes variables (loi du 24 juillet 1867, modifiée par celle du 1er août 1893).

ART. 2. — La Société a pour but de remédier à la mévente par la vente en commun, ou encore par la distillation en commun des fleurs et autres produits de l'oranger provenant des propriétés appartenant aux sociétaires ou gérées par eux à un titre quelconque.

La Société, par délibération prise en Assemblée générale, pourra décider la vente en commun d'autres produits.

ART. 3. — La Société prend le nom de « Société coopérative des propriétaires d'orangers des Alpes-Maritimes ».

ART. 4. — Le siège de la Société est à Vallauris, dans les locaux qui seront désignés par le Conseil d'administration.

ART. 5. — La durée de la Société est fixée à trente années à partir du jour de la constitution légale. Mais, à la fin de chaque période de neuf ans, le sociétaire qui ne voudrait plus faire partie de la Société aura le droit de démissionner en abandonnant à la Société ses droits au fonds de réserve. Tout sociétaire qui n'aura pas donné sa démission par lettre recommandée adressée au Président trois mois au moins avant l'expiration de la période de neuf ans, sera considéré comme engagé pour une nouvelle période de neuf ans. La dernière année de la durée prévue au commencement du présent article sera prorogée jusqu'au 30 septembre.

TITRE II

CAPITAL — PARTS — VERSEMENTS

Art. 6. — Le capital social est fixé, quant à présent, à la somme de 50 000 francs. Il pourra être augmenté par l'admission de nouveaux membres ou par de nouveaux versements jusqu'à 200 000 francs, sur simple décision du Conseil d'administration.

De nouvelles augmentations successives pourront être faites d'année en année sur décision du Conseil d'administration et par délibération de l'Assemblée générale.

Par suite des exclusions prévues à l'article 24, des démissions prévues à l'article 5 et des remboursements prévus aux articles 20 et 21, le capital pourra être diminué, mais il ne pourra, en aucun cas, être réduit au-des-

Fig. 60. — Vue de l'usine de la Coopérative du Golfe-Juan.

À gauche, salle de la machine à vapeur; au centre, hall de réception des fleurs. — Premier pignon à droite : logement du concierge. — Deuxième pignon à droite, au fond : salle des alambics.

sous de la somme de 20 000 francs, qui formera le capital minimum irréductible de la Société.

Art. 7. — Le capital social est divisé en deux mille parts de 25 francs chacune. Les parts sont nominatives; elles sont productives d'un intérêt de 5 pour 100 par an, à prendre sur les prélèvements indiqués à l'article 60.

Art. 8. — Les parts sont payables comme suit :

1° Un dixième, soit 2 fr. 50, lors de la souscription;

2° Le solde à raison de 2 francs par mois, soit en onze versements, le dernier de 2 fr. 50, à partir de l'époque qui sera fixée par le Conseil d'administration.

Tout versement en retard de plus d'un mois est passible d'un intérêt de 5 pour 100 à partir du jour de l'exigibilité et sans mise en demeure.

Art. 9. — Le premier versement est constaté par un récépissé nominatif tenant lieu de titre provisoire; les versements ultérieurs seront également

inscrits au verso de ce titre, qui, une fois libéré, sera échangé contre le titre
définitif.

ART. 10. — Les récépissés ou titres provisoires seront extraits d'un livre
à souche et numérotés; ils porteront la signature d'un fondateur ou du directeur de l'établissement chargé de recevoir les versements.

Les titres définitifs seront également extraits d'un registre à souche,
numérotés, frappés du timbre à sec de la Société et revêtus de la signature
de deux administrateurs.

ART. 11. — La transmission des parts s'opère par une déclaration de
transfert inscrite sur le registre de la Société; cette déclaration est signée
par le cédant et le cessionnaire ou par les mandataires.

ART. 12. — Les sociétaires ne sont engagés que jusqu'à concurrence des

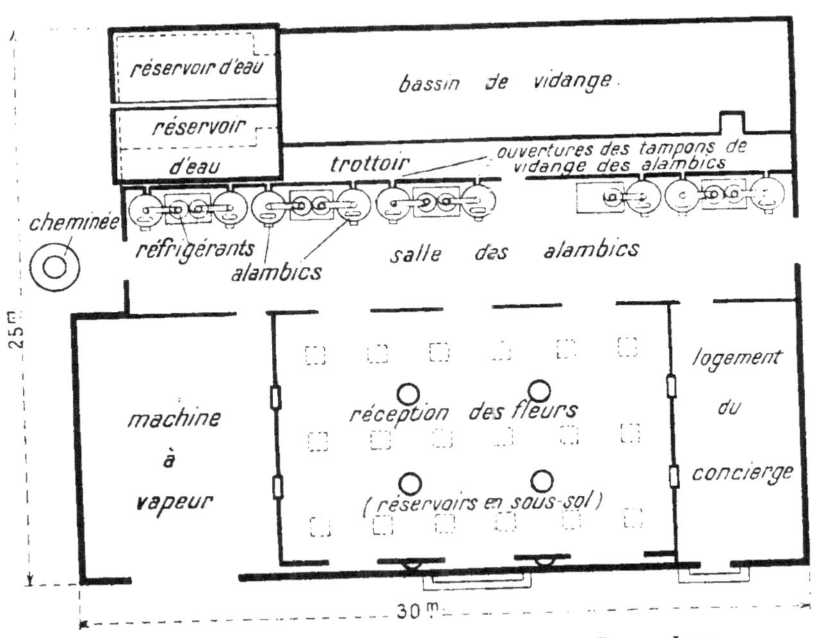

FIG. 97. — PLAN SCHÉMATIQUE DE L'USINE DU GOLFE-JUAN.

parts souscrites par eux; après libération de ces parts, ils ne peuvent être
astreints, pour quelque cause que ce soit, à aucun autre versement; ils
n'encourent aucune responsabilité personnelle quant aux engagements
sociaux, qui sont uniquement garantis par l'actif social.

ART. 13. — Les intérêts seront valablement payés au porteur de titre; les
intérêts des parts non réclamés seront acquis au profit de la Société au bout
de cinq ans.

ART. 14. — Chaque part donne droit au prorata dans la propriété de l'actif social. La possession d'une part comporte, de plein droit, adhésion aux
statuts de la Société et aux décisions des Assemblées générales.

ART. 15. — Les droits et les obligations attachés aux parts suivent le
titre dans toutes les mains dans lesquelles il passe.

Toute part est indivisible; la Société ne reconnaît qu'un propriétaire pour
chaque part.

ART. 16. — Les héritiers, ayants droit ou créanciers d'un sociétaire ne peuvent, sous quelque prétexte que ce soit, provoquer l'apposition des scellés sur les biens et les valeurs de la Société, en demander le partage ou la licitation ni s'immiscer en aucune façon dans son administration.

Pour l'exercice de leurs droits, ils sont tenus de s'en rapporter aux inventaires sociaux et aux délibérations de l'Assemblée générale ou du Conseil d'administration.

ART. 17. — Tout sociétaire qui aura perdu son certificat peut, en justifiant de son identité, se faire délivrer un duplicata dans le mois, après notification de la perte à la Société par lettre recommandée.

TITRE III

SOCIÉTAIRES

ART. 18. — La Société n'admet que des propriétaires d'orangers dans le

FIG. 98. — USINE DU GOLFE-JUAN. SALLE DES ALAMBICS.

département des Alpes-Maritimes, ou des personnes gérant ces propriétés à un titre quelconque.

Ne peuvent y être admis ceux qui en distillent les produits.

ART. 19. — Les demandes d'admission et de transfert doivent être adressées au Conseil d'administration, qui a le pouvoir de les accepter ou de les repousser sans être tenu de motiver sa décision. Les candidats peuvent, s'ils ne sont pas admis, en appeler à l'Assemblée générale, qui statue en dernier ressort.

ART. 20. — En cas de vente, d'échange, de donation de la propriété ou de cessation de bail par le fermier, les parts devront, sous la responsabilité du propriétaire, être transférées au nouveau propriétaire ou nouveau fermier avec les droits et obligations y attachés.

Art. 21. — En cas de décès, les héritiers ou légataires seront indivisément et obligatoirement substitués au sociétaire défunt dans ses droits et obligations jusqu'à l'expiration de la durée de son engagement.

Art. 22. — Tout sociétaire contracte, en entrant dans la Société, l'obligation, sous peine de dommages-intérêts, de faire exclusivement à la Société l'apport de ses récoltes, comme il est dit à l'article 2. Il s'interdit de faire apport, comme lui appartenant, de récoltes achetées à des tiers.

Art. 23. — Les apports des Sociétaires leur sont décomptés sur le net des quantités ou des poids livrés à la Société.

Art. 24. — Tout sociétaire qui ne remplira pas les obligations statutaires, qui tomberait en état de faillite ou de liquidation judiciaire, qui aurait subi des condamnations pour délits ou crimes de droit commun, qui, par des paroles ou par des écrits, essayerait de porter atteinte à la bonne marche de la Société, pourra être exclu provisoirement par le Conseil d'administration.

L'exclusion définitive sera prononcée par l'Assemblée générale.

Art. 25. — Tout sociétaire exclu perd entièrement ses droits au fonds de réserve.

TITRE IV

ADMINISTRATION

Art. 26. — Les affaires de la Société sont administrées et surveillées par :
1° Le Conseil d'administration ;
2° La Direction ;
3° La Commission de surveillance ;
4° Les Assemblées générales.

I. — Conseil d'administration.

Art. 27. — La Société est administrée par un Conseil d'administration composé de quarante-cinq membres qui sont nommés en Assemblée générale. Le premier Conseil est nommé pour trois ans.

Art. 28. — Après cette première période de trois ans, ce premier Conseil sera renouvelable par tiers chaque année.

Art. 29. — En cas de vacance d'un ou plusieurs sièges, le Conseil y pourvoit provisoirement jusqu'à la prochaine Assemblée générale, qui procède à l'élection définitive.

Les Administrateurs ainsi nommés ne restent en fonction que jusqu'à l'époque où expirait le mandat de leur prédécesseur.

Art. 30. — Les parts des Administrateurs, inaliénables pendant la durée de leurs fonctions, sont déposées dans la Caisse de la Société, après avoir été frappées d'un timbre indiquant leur inaliénabilité ; mais si l'Administrateur possède plus de dix parts, celles au-dessus de ce nombre restent à sa disposition.

Art. 31. — Les fonctions d'Administrateur sont gratuites.

Art. 32. — Le Conseil d'administration choisit chaque année son Président, un Vice-Président un Secrétaire, un Secrétaire-adjoint, un Trésorier et un Trésorier-adjoint, qui sont rééligibles.

Art. 33. — Le Conseil se réunit aussi souvent que l'exige l'intérêt social. Le tiers des membres en exercice est nécessaire pour que le Conseil puisse délibérer valablement. Les délibérations sont prises à la majorité des membres présents. En cas de partage, la voix du Président est prépondérante.

Art. 34. — Il est tenu un registre des délibérations du Conseil. Les procès-verbaux sont signés par le Président et le Secrétaire.

Les copies ou extraits à produire en justice ou ailleurs seront certifiés par le Président.

Art. 35. — Le Conseil d'administration a la gestion générale des affaires de la Société. Il fait tous les actes qui rentrent dans l'objet social et notamment passe les traités ou marchés de toute nature, aux clauses et conditions qui lui paraissent les plus avantageuses ;

Il nomme et révoque le Directeur et les employés, détermine leurs attributions. Il fixe les traitements et les salaires. Il crée des agences partout où il le juge nécessaire ;

Il peut acquérir ou louer tous immeubles et matériel, pourvu qu'ils soient nécessaires au fonctionnement de la Société, les échanger ou les revendre s'ils ne sont plus utiles pour la marche des affaires sociales ;

Il contracte tous emprunts sous quelque forme que ce soit ;

Se fait ouvrir tous crédits, confère tous nantissements ou autres garanties ;

Il tire et accepte toutes traites, souscrit tous billets à ordre, endosse toutes valeurs, signe tous chèques ;

Il admet les sociétaires, leur ouvre tous crédits ;

Il touche toutes les sommes qui sont dues à la Société, donne toutes quittances, consent tous transports et subrogations ;

Il traite, transige les intérêts de la Société ;

Il consent tous désistements et mainlevées avant ou après paiement ;

Il détermine le placement des fonds disponibles et règle l'emploi de la réserve ;

Il arrête les comptes qui doivent être présentés à l'Assemblée générale ; fait un rapport sur ces comptes ainsi que sur les affaires soumises aux délibérations de l'Assemblée et propose les modifications qu'il pourrait y avoir lieu d'apporter aux présents statuts ;

Il fait, en un mot, tous les actes nécessaires à la bonne marche de la Société qui ne sont pas de la compétence de l'Assemblée générale ni opposés aux présents statuts ni à la loi.

Les pouvoirs ci-dessus énoncés ne sont qu'indicatifs et non limitatifs.

Art. 36. — Le Conseil peut déléguer tout ou partie de ses pouvoirs à un ou plusieurs de ses membres, à une ou plusieurs personnes même étrangères à la Société, avec mandat d'agir collectivement ou séparément.

Art. 37. — Le Conseil peut, en attendant le règlement annuel des comptes, accorder aux sociétaires des avances jusqu'à concurrence des trois quarts de la valeur des produits apportés à la Société, cette valeur étant calculée en prenant pour base le prix moyen des exercices antérieurs.

Art. 38. — Les membres du Conseil d'administration ne contractent par leur gestion aucune responsabilité personnelle ou solidaire relativement aux engagements sociaux ; ils ne répondent que de l'exécution de leur mandat.

Art. 39. — Tout membre du Conseil qui manquera à trois réunions consécutives, sauf en cas de maladie, sera déclaré démissionnaire et remplacé conformément à l'article 29 des statuts.

II. — Direction.

Art. 40. — Le Directeur est nommé par le Conseil d'administration, qui fixe son traitement, ses attributions, son cautionnement, et détermine sa responsabilité.

Le Directeur assiste aux délibérations du Conseil, mais il n'a que voix consultative s'il est choisi en dehors du Conseil d'administration.

Il a la surveillance de toutes les opérations sociales ; il organise les divers services, pourvoit aux affaires courantes, assure l'écoulement régulier et méthodique des produits appartenant aux sociétaires. Par délégation du Conseil, dont il est le mandataire, il opère les recouvrements des sommes dues à la Société, signe toutes valeurs, les négocie et les endosse, et fait exécuter toutes délibérations.

Le Directeur exerce une surveillance constante sur tous les agents, employés ou ouvriers de la Société; il propose au Conseil les nominations, soumet les révocations, et, s'il y a nécessité, prononce la suspension de tout agent répréhensible, en attendant la décision du Conseil d'administration.

Le Directeur sera assisté d'un Sous-Directeur choisi parmi les membres du Conseil d'administration.

Art. 41. — La Commission de surveillance se compose de 3 membres élus pour trois ans par l'Assemblée générale, et est renouvelable par tiers chaque année. Le membre sortant n'est pas rééligible pendant trois ans.

III. — Commission de surveillance.

Art. 42. — Les Commissaires veillent à l'exécution des statuts, des règlements et des délibérations de l'Assemblée générale.

Ils présentent à l'Assemblée générale un rapport sur le bilan et les comptes présentés par les Administrateurs.

Art. 43. — Les Commissaires ont le droit, toutes les fois qu'ils le jugent convenable dans l'intérêt social, de prendre communication de la comptabilité et des opérations de la Société. Ils peuvent, s'ils le croient utile, convoquer l'Assemblée générale.

IV. — Assemblée générale.

Art. 44. — L'Assemblée générale, régulièrement constituée, représente l'universalité des sociétaires; ses décisions sont obligatoires, même pour les absents ou dissidents.

Art. 45. — L'Assemblée générale se compose de tous les membres qui y prennent part; nul ne peut être représenté que par un autre sociétaire muni d'un pouvoir régulier.

Art. 46. — L'Assemblée générale se réunit chaque année du 1er au 31 mars. Elle peut aussi être réunie extraordinairement par le Conseil d'administration, par la Commission de surveillance, comme il est dit à l'article 43, ou encore sur une demande motivée signée par cent sociétaires au moins.

Art. 47. — Les convocations ont lieu cinq jours au moins à l'avance, par lettre individuelle contenant l'ordre du jour.

Art. 48. — L'ordre du jour est fixé par le Conseil d'administration.

Toutefois, il doit comprendre toutes propositions qui lui auraient été soumises par écrit, quinze jours avant la réunion, avec la signature de dix sociétaires au moins.

L'ordre du jour est préalablement communiqué aux membres de la Commission de surveillance.

Art. 49. — L'Assemblée générale est régulièrement constituée lorsque le nombre total des parts des membres présents ou représentés atteint le sixième du capital social souscrit.

Art. 50. — L'Assemblée est présidée par le Président du Conseil d'administration, et, à défaut, par le membre que le Conseil aura désigné.

Elle nomme deux Scrutateurs et un Secrétaire.

Art. 51. — L'Assemblée générale entend les rapports du Conseil d'administration et de la Commission de surveillance.

Elle examine, discute, approuve ou rejette les comptes qui lui sont soumis.

Elle nomme les Administrateurs et les Commissaires de surveillance.

Elle statue sur les augmentations et les diminutions du capital, sur les modifications aux statuts, la prorogation ou la dissolution anticipée de la Société.

Elle statue en dernier ressort sur les admissions et exclusions des sociétaires.

Elle prend toute mesure dans l'intérêt social qui soit conforme à la loi et aux présents statuts.

Art. 52. — L'Assemblée générale qui aurait à statuer sur l'augmentation ou la diminution du capital, sur les modifications aux statuts, sur la prorogation ou la dissolution anticipée de la Société, comme aussi sur les admissions ou exclusions des sociétaires, devra se composer d'un nombre de sociétaires représentant au moins le quart du capital souscrit.

Art. 53. — Les délibérations sont prises à la majorité des voix, à mains levées et avec contre-épreuve.

Si la majorité des présents le demande, on procède au scrutin secret. Il est attribué à chaque sociétaire un nombre de voix égal au nombre de parts qu'il possède, sans toutefois que le nombre de voix puisse être supérieur à dix.

De même, dans le vote par procuration, tout sociétaire porteur de pouvoirs ne pourra être attributaire de plus de cinq voix, quel que soit le nombre de personnes ou de parts pour lesquelles il a mandat.

Art. 54. — Les délibérations de l'Assemblée sont constatées par un procès-verbal transcrit sur un registre spécial et signé par les membres du Bureau.

Art. 55. — Une feuille de présence contenant les noms, prénoms et domiciles des associés présents ou représentés, certifiée par le Bureau, sera annexée au procès-verbal pour être communiquée à tout requérant.

Art. 56. — Les extraits ou copies des délibérations de l'Assemblée générale à produire en justice ou ailleurs sont signés par le Président ou par deux membres du Conseil d'administration.

TITRE V

INVENTAIRE — BÉNÉFICE — FONDS DE RÉSERVE

Art. 57. — L'année sociale commence le 1ᵉʳ janvier de chaque année et finit le 31 décembre suivant.

Art. 58. — Chaque année, il est dressé le 31 décembre par les soins du Conseil d'administration un inventaire général de l'Actif et du Passif. Cet inventaire, ainsi que le bilan, est tenu à la disposition de la Commission de surveillance.

Art. 59. — Le prix de revient des produits livrés par les sociétaires ne sera établi qu'en fin d'exercice, ceux-ci ayant été crédités des quantités apportées au fur et à mesure de leurs livraisons.

A la fin de l'année sociale, ou encore dans la quinzaine qui suivra la séance de l'Assemblée générale ordinaire, si cette Assemblée l'a décidé ainsi, les sommes produites par les ventes de chaque marchandise, défalcation faite du prorata des frais généraux et d'administration, ainsi que la somme prélevée à titre de bénéfices, seront réparties entre les sociétaires comme paiement des marchandises cédées à la Société et au prorata des poids de ces marchandises.

Art. 60. — Les bénéfices nets sont constitués par le prélèvement d'une commission de 2 pour 100 sur le produit brut des ventes.

Les bénéfices sont répartis comme suit :

1° 5 pour 100 à la Réserve légale ;

2° Une somme suffisante pour servir aux parts un intérêt du 5 pour 100;

3° Le solde restera à la disposition du Conseil.

ART. 61. — Les intérêts non réclamés dans les cinq années seront acquis à la Société et versés à la réserve.

TITRE VI

DISSOLUTION — LIQUIDATION

ART. 62. — La Société pourra être dissoute :

1° Par la diminution du capital au-dessous du minimum prévu;

2° Par la perte de la moitié du capital social.

Dans ces deux cas, le Conseil d'administration devra convoquer l'Assemblée générale, afin de statuer si la Société doit être continuée ou dissoute.

ART. 63. — L'Assemblée qui devra statuer sur la dissolution devra comprendre un nombre de sociétaires représentant au moins la moitié du capital social.

A défaut d'un nombre suffisant de sociétaires lors d'une deuxième convocation réunissant les conditions ci-dessus, la Société sera dissoute de fait immédiatement.

ART. 64. — A l'expiration de la Société ou en cas de dissolution anticipée, la liquidation aura lieu par les soins du Conseil d'administration en exercice, auquel seront adjoints cinq liquidateurs nommés par l'Assemblée générale.

Les liquidateurs auront les pouvoirs les plus étendus, soit pour réaliser les valeurs, soit pour en répartir le produit aux sociétaires, après avoir acquitté le passif et les frais de liquidation.

ART. 65. — Toutes les contestations qui pourront s'élever pendant la durée de la Société ou lors de la liquidation seront soumises à la juridiction du Tribunal de commerce d'Antibes.

Exceptionnellement, la Société devra porter devant le Tribunal de commerce du lieu où ils sont propriétaires d'orangers toutes actions par elle exercées, comme demanderesse contre les associés.

ART. 66. — Le Conseil d'administration est chargé de la publication des présents statuts.

ART. 67. — Tout sociétaire sera tenu de faire élection de domicile dans un lieu quelconque de la commune où il est propriétaire d'orangers et où lui seront valablement adressées les communications et les notifications qui pourront lui être faites.

A défaut, ce domicile sera élu, de plein droit, à Vallauris, au siège de la Société.

SITUATION ADMINISTRATIVE DE L'EXERCICE 1905.

(1er octobre 1904 au 31 octobre 1905.)

Vu et approuvé par la Commission de Surveillance et du Contrôle dans sa séance du 10 décembre 1905.

Fleurs d'Automne 1904-1905.

Quantité : Reçu des propriétaires.......... 50.270 kil. 2
   —   Livré aux Parfumeurs. .... 40.793 — 1

Montant des 40.793 kil. 1 livrés aux Parfumeurs.... 28.368 fr. 20
A déduire. montant 3 pour 100 statutaire....... 851 fr. 90

                                    27.546 fr. 30
Frais de Commission et divers.. .... 1.916 fr. 45

                                    25.629 fr. 85
A ajouter provenant de ristourne .... 404 fr. 65

                                    26.034 fr. 50
Payé 50.270 kil. 2 fleurs à 0 fr. 51 aux propriétaires. . 25.637 fr. 80

                  Reste en caisse . . . 396 fr. 70
Détail du 3 pour 100 :

Répartition. .
- Réserve légale........ 42 fr. 60
- Réserve spéciale...... 80 fr. 63
- Disposition Conseil..... 323 fr. 72
- Ristourne......... 404 fr. 65

} 851 fr. 90

Fleurs d'Avril et de Mai 1905.

RECETTES.

Vente fleurs Avril.................. 566 fr. 95
  —   —   Mai .... 876.806 fr. 70
  — de Néroli.................. 59.022 fr. 85
Logements Soldats Bar.............. 14 fr. 65
En caisse fleurs d'Automne.............. 396 fr. 70

                                    930.817 fr. 85
Reste à encaisser (de divers)............. 14.857 fr. 20

                                    951.675 fr. 05
A prélever 2 pour 100 statutaire.......... 19.633 fr. 50

                                    932.641 fr. 55
Provenant de dotation du Conseil (pour balancer). 5.816 fr. 75

                                    938 458 fr. 30

Reste à la disposition du Conseil. 18.681 fr. 83 — 5.816 fr. 75 — 12.265 fr. 08.
Détail du 2 pour 100 :
5 pour 100 réserve légale................ 951 fr. 67
Solde à la disposition du Conseil.............. 18.681 fr. 83

                                    19.633 fr. 50

DÉPENSES AU 31 OCTOBRE 1905.

Payement de 736.503 kil. 2 fleurs à 1 fr. 20. . . . . . . 883.863 fr. 85
    —   945 kil. fleurs Avril à 0 fr. 51. . . . . 481 fr. 05
Remboursement, obligations.. . . . . 7.600 fr. »
    —   coupons . . . . 1.507 fr. 50
Commission Mai.. . . . . 35.405 fr. 25
Frais divers (loyers, direction, etc.). . . . . 4.404 fr. 75
                                  933 293 fr. 30

    Reste à payer :

Solde remboursements, obligations. . . . . 4.000 fr. »
    —   intérêts, coupons.. . . . . 205 fr. »
                                  933 458 fr. 30

BIBLIOGRAPHIE

S. Piesse, *Histoire des parfums*, chez Baillière, Paris.
S. Piesse, *Chimie des parfums*, chez Baillière, Paris.
G. Heuze, *Les plantes industrielles*, t. III, Librairie agricole, Paris.

L'ESSENCE DE TÉRÉBENTHINE

PAR

M. RABATÉ

INGÉNIEUR AGRONOME, PROFESSEUR DÉPARTEMENTAL D'AGRICULTURE

Quand on incise le tronc d'un pin, il s'écoule des gouttes visqueuses, réfringentes comme des pierres précieuses, d'où leur nom de **gemme**. La gemme chauffée, fondue et légèrement cuite, prend le nom de *térébenthine*. La gemme naturelle et la térébenthine renferment une résine transparente, jaune, solide, la *colophane*, en dissolution dans une essence, *l'essence de térébenthine*.

1. Les principales térébenthines. — Dans une étude technique sur l'industrie des résines[1], nous avons classé comme suit les principales térébenthines.

ARBRES EXPLOITÉS		TÉRÉBENTHINES
NOM FRANÇAIS.	NOM SCIENTIFIQUE.	OBTENUES.
Pin à longues feuilles.	*Pinus palustris*. . .	T. des États-Unis.
Pin maritime.	*Pinus maritima*. .	T. de Bordeaux.
Pin sylvestre.	*Pinus sylvestris* .	T. de Russie et de Norvège.
Pin noir.	*Pinus austriaca*. .	T. d'Autriche.
Sapin des Vosges. . .	*Abies pectinata*. . .	T. de Strasbourg.
Sapin du Canada. .	*Abies canadensis*. .	T. du Canada.
Épicéa	*Picea excelsa*. . . .	T. du Jura.
Mélèze	*Larix europæa*. . .	T. de Venise.

Malaxée avec de l'eau tiède, la térébenthine du Jura donne *la poix jaune* de Bourgogne. La térébenthine du Canada est

---

1. E. RABATÉ, *L'Industrie des résines*, Paris. Masson et Gauthier-Villars, 180 pages. Prix, 2 fr. 50.

encore appelée, improprement, *baume du Canada*. Les sapins ne renferment de la résine que dans leur écorce herbacée, tandis que la gemme des pins, du mélèze et de l'épicéa, est extraite du bois. Le pin à longues feuilles, ou pitchpin des États-Unis, fournit les plus grosses quantités de térébenthine (70 000 tonnes d'essence sur les 100 000 de la production mondiale annuelle). En France, le pin maritime seul donne lieu à une industrie importante, localisée sur 750 000 hectares dans les Landes de la Gascogne.

Les développements du présent chapitre se rapportent exclusivement à l'exploitation résinière du pin maritime qui fournit 14 000 tonnes d'essence et 55 000 tonnes de brais et colophanes.

Le prix des matières résineuses a subi, dans ces dernières années, une hausse importante. L'essence de térébenthine est passée de 40 francs les 100 kilos en 1896 à 100 francs en 1907. Aussi la région landaise est-elle aujourd'hui l'une des plus productives de France. En outre, le gemmage tend à s'implanter dans diverses régions où le pin occupe de grandes étendues : Charente, Corrèze, Périgord, Sologne, etc.

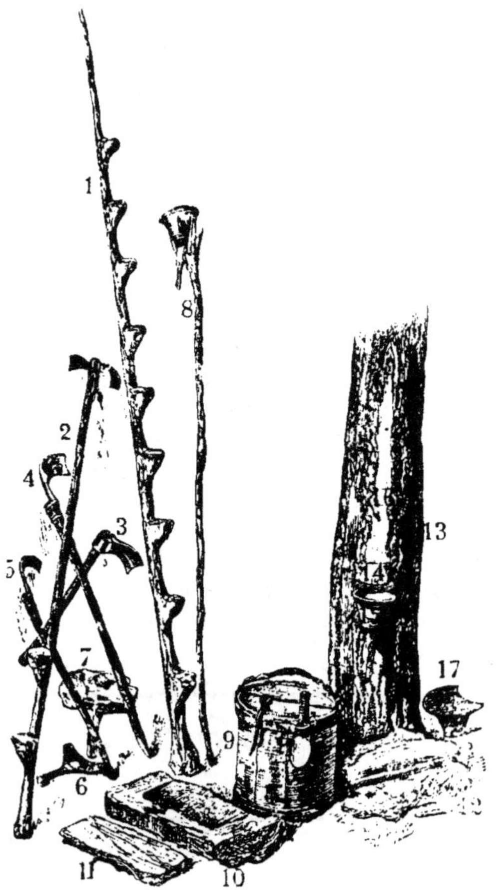

FIG. 99.   LES OUTILS DU RÉSINIER.

1, *crabe*; 2, *hapchott à échelons*; 3, *hapchott*; 4, *sarcle à peler*; 5, *carrasquite*; 6, *pousse-crampon*; 7, *maillet*; 8, *attrape-pot*; 9, *escouarte*; 10, *los ou crot*; 11, *planchette ou perrus*; 12, *pierre à aiguiser*; 13, *tronc de pin*; 14, *crampon*; 15, *pot*; 16, *quarre*; 17, *pot couvert*.

2. Récolte de la gemme. — L'*arbre d'or* des Landes est exploité à la fois pour son bois et pour sa gemme. Le bois de pin maritime fournit des traverses de chemin de fer, des poteaux télégraphiques, des étais de mine, des planches, des lames de parquet, des manches à balai, du charbon, du goudron, etc.

Le bois renferme des conduits longitudinaux, disposés en cercles et remplis de résine. Ces canaux sont en contact avec des rayons médullaires qui vont de l'intérieur à la circonférence de l'arbre. Aussi, quand on entame le bois, les rayons soutirent-ils de la gemme pour la déverser sur la blessure.

D'ailleurs, le pin arrive à donner un fort rendement en résine, par suite d'une sorte d'entraînement. L'arbre fournit, en effet, un travail soutenu de réaction contre l'irritation due aux blessures répétées.

De nouveaux conduits à résine se forment autour de la plaie, surtout au-dessus de l'entaille. Pour sectionner ces conduits il faut allonger l'entaille de bas en haut.

Les entailles du gemmage sont appelées

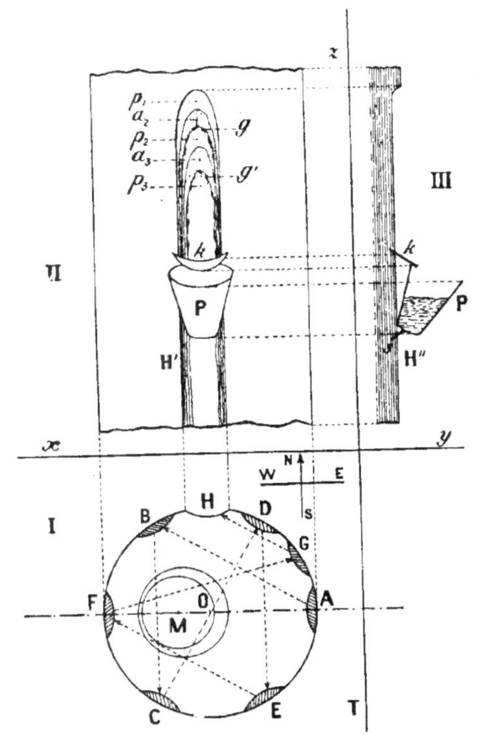

Fig. 100. — Face et profil d'un tronc de pin gemmé.

I. — *Coupe transversale du tronc de pin : A B C D E F, emplacement des quarres successives ; O, centre géométrique ; M, moelle.*

II. — *Tronc de pin vu de face : H', quarre ; P, pot ; k, crampon ; a, p... bois d'automne et bois de printemps ; g, g', gouttes de gemme.*

III. — *Coupe verticale du pin : H'', la quarre ; k, crampon ; P, pot soutenu par une pointe. s.*

quarres. Profondes, elles déprécient le tronc, compromettent l'existence de l'arbre et ne rendent pas à proportion de leur profondeur. Les dimensions suivantes sont les plus usitées : profondeur 1 centimètre, largeur 8 à 9 centimètres ; hauteur annuelle moyenne 70 centimètres, soit 3 m. 50 au total au bout de cinq ans, durée ordinaire de l'allongement d'une quarre.

Le **gemmage à vie** commence sur des arbres d'un mètre de circonférence. Il est poursuivi de la trentième à la soixantième année. Poussé par les vents d'ouest, l'arbre se développe davantage et s'incline du côté de l'est. C'est sur ce côté que le résinier taille la première quarre. Les quarres suivantes

FIG. 101. — PIQUAGE DES QUARRES AVEC LE HABCHOTT.

sont réparties sur la circonférence en deux groupes de trois, d'où le nom de *piquage à trois-six* donné à ce mode de gemmage (fig. 100).

Le **gemmage à mort,** ou à pin perdu, est pratiqué, quelques années avant l'abatage, sur des jeunes pins d'éclaircie, enlevés entre leur vingtième et leur trentième année, ou sur de vieux pins de place âgés de cinquante-cinq ans.

Avant de commencer la taille d'une quarre, le résinier enlève, en février, une bande d'écorce rugueuse. Une ou deux fois par semaine, de mars à octobre, l'ouvrier détache un copeau très mince avec une cognée toute particulière, le *habchott* (fig. 101). Pour tailler les parties hautes des quarres, le résinier emploie parfois une échelle rudimentaire ou *crabe* (fig. 99).

La résine était jadis recueillie dans un trou creusé au pied du pin (*gemme au crot*). Aujourd'hui, elle est reçue dans un pot en terre, vernissé à l'intérieur (fig. 99, 100, 101). Ce pot, inventé par Hugues, est fixé sur la quarre au moyen d'un crampon de zinc et d'une pointe (fig. 100). La *gemme Hugues* est plus aqueuse, mais moins chargée de sable et de copeaux que la gemme au crot. Quand son parcours sur la quarre est un peu long, la gemme se prend en pâte et reste figée au-dessus du récipient ; elle constitue alors le *galipot* qui est mélangé à la gemme fluide. La résine grenue, solidifiée sur l'entaille, est raclée en fin de saison et donne le *barras*.

Un résinier conduit de 7000 à 8000 quarres. Il exécute, dans chaque saison, une quarantaine de piquages par quarre. Si l'on compte une moyenne de 150 pins de place par hectare, c'est une surface de 40 ou 50 hectares que le résinier doit parcourir. La gemme des pots est enlevée une fois par mois et déposée dans un seau en liège ou *escouarte*. L'*amasse*, rassemblée dans un bassin creusé sur place, ou *barque*, est conduite à l'usine dans des barriques de 340 litres.

Le rendement moyen est de 1 litre 1/2 à 2 litres par quarre et par saison.

La gemme commerciale moyenne renferme 18 pour 100 d'essence, 70 pour 100 de brai ou de colophane, 10 pour 100 d'eau et 2 pour 100 d'impuretés solides.

La vente de la gemme au kilogramme tend à remplacer la vente à la barrique. Le prix de vente varie de 0 fr. 20 à 0 fr. 25 le kilogramme.

3. Préparation de la térébenthine. — La gemme brute renferme des copeaux, du sable, des aiguilles de pin, qui déprécient les produits secs de la distillation, brais et colophanes. Aussi, au lieu de distiller la gemme crue, beaucoup d'industriels préparent-ils d'abord une térébenthine.

La gemme est placée dans une chaudière en cuivre (fig. 102) mesurant 2 mètres de diamètre et 0 m. 50 de profondeur. On chauffe doucement et on brasse pour rendre la fusion uniforme. La température ne doit pas dépasser 90 à 100 degrés. Au premier bouillon, le feu est éteint brusquement. Au bout de quelques heures, une séparation par ordre de densité s'est établie. A la surface, on écume des écorces, copeaux, etc., désignés sous le nom de *griches*. On décante ensuite la *térébenthine*, et, enfin, le fond de chaudière, ou *grep*, formé d'eau colorée, de terre et de sable.

Les griches et tous les déchets résineux sont placés dans des fours verticaux que l'on peut boucher hermétiquement. La masse est allumée à la partie supérieure.

L'échauffement gagne de proche en proche et un tuyau de fond évacue un liquide brun, épais, appelé *poix noire* ou *brai gras*.

Le bois de pin, divisé en menus fragments et brûlé dans le même four, donne du *goudron*.

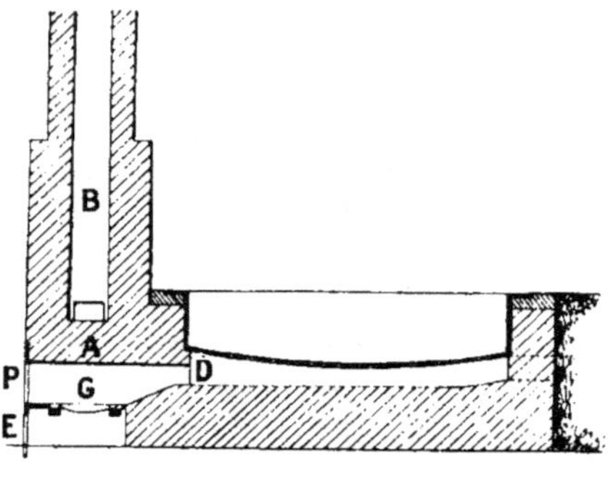

Fig. 102. — Chaudière a térébenthine.

E, *cendrier*; P, *porte*; G, *foyer*; D A, *circulation des gaz chauds*; B, *cheminée*.

4. Distillation à feu nu. — La gemme crue et la térébenthine sont distillées de la même façon. La distillation est effectuée soit dans un alambic landais perfectionné, soit dans un appareil à vapeur.

L'alambic landais (fig. 103) comprend un chargeoir A où la masse à distiller est fondue par un léger chauffage en dessous ; une cucurbite B ; une cornue C ; un serpentin réfrigérant D E ; un vase florentin J R. L'essence, plus légère que l'eau, monte à la partie supérieure de J et se déverse en R.

L'essence pure bout à 156 degrés, mais la dissolution d'essence et de colophane ne laisse distiller l'essence qu'à 180 degrés. Par contre, le mélange d'essence et d'eau bout et distille vers 95 degrés. Pour éviter les températures élevées qui colorent l'essence et la colophane et pour diminuer la dépense de combustible, on injecte dans la masse en ébullition de l'eau placée dans l'entonnoir H.

Une distillation se divise en plusieurs phases. Dans la *première phase* on obtient des gaz incondensables, de l'eau, de l'essence colorée en vert par le cuivre de l'alambic, de l'essence incolore.

Dans la *deuxième phase*, on injecte de l'eau liquide, de la vapeur d'eau ou les deux à la fois. On obtient de l'essence incolore et de l'eau, puis de l'essence jaune et de l'eau.

Dans la *troisième et dernière phase*, on chasse l'excès d'eau en activant le chauffage ; on cuit la colophane et on la coule par un tuyau de fond. Une nouvelle charge est aussitôt introduite dans l'alambic.

L'essence verte et l'essence jaune sont réunies et soumises à une nouvelle distillation. Il est également possible de décolorer l'essence verte avec de petites quantités d'acide (sulfurique, azotique ou chlorhydrique).

La tôle d'aluminium permettrait d'éviter les colorations dues au cuivre de l'alambic.

La colophane est d'autant plus foncée et d'autant moins estimée qu'elle a absorbé plus d'oxygène, soit sur les entailles, soit pendant la distillation. D'après Labatut, des colophanes

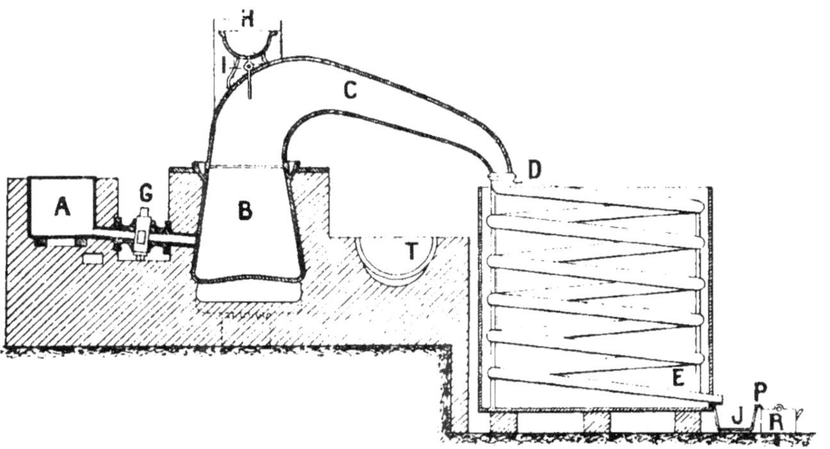

Fig. 103. — Alambic a feu nu.

A, *chargeoir;* B, *alambic:* C, *cucurbite:* D E, *réfrigérant;* H I, *entonnoir à robinet;* T, *chaudière à résidus.*

plus claires pourraient être obtenues en chassant l'air des alambics par un courant de gaz inerte : azote ou gaz carbonique, par exemple.

5. Distillation à la vapeur. — La distillation à feu nu est délicate à conduire. Elle entraîne souvent des coups de feu qui colorent les produits. Elle expose à de sérieux risques d'incendie.

La distillation à la vapeur n'encourt plus ces reproches, mais elle exige un matériel coûteux et un fort approvisionnement de gemme.

Un des appareils les plus répandus, celui de MM. Dorian frères (fig. 104) comprend un générateur de vapeur, A, maintenu à 6 kilogrammes de pression, et un alambic en acier V. La térébenthine est introduite par P et la colophane est évacuée en Q. Des tuyaux de vapeur, H, augmentent la surface de chauffe. La vapeur condensée rentre par N dans la chaudière. Le distillat, formé d'essence et d'eau, est liquéfié dans un condenseur tubulaire, J, et dans un serpentin, K. Cet appareil, comme l'alambic landais, peut distiller 540 litres de gemme en 40 minutes.

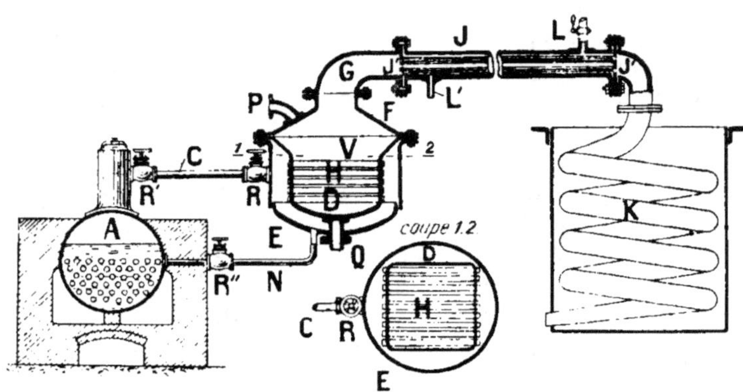

Fig. 104. — Alambic de distillation a la vapeur (Doriau frères).

A, générateur de vapeur ; V, alambic ; J, réfrigérant tubulaire ; K, serpentin.

6. Les colophanes. — Les produits secs de la distillation prennent différents noms : la *colophane* est jaune pâle ; le *brai clair* est jaune ; l'*arcanson* est rougeâtre, le *brai noir* est brun ou noir.

La couleur des colophanes est définie par comparaison avec une série d'échantillons pris comme types.

Les brais sont employés dans la savonnerie et dans l'encollage des papiers.

La *résine jaune* est obtenue en battant avec de l'eau tiède du brai clair fondu. Pendant longtemps la résine jaune a été employée pour la fabrication des chandelles. Par distillation pyrogénée, poussée jusqu'au rouge sombre dans un alambic en fonte, le brai fournit de l'*essence vive de résine*, de couleur rousse, puis des huiles de résine, des huiles brunes, des huiles blondes ou huiles de cœur, des huiles bleues et des huiles vertes. Ces *huiles de résine* sont employées au graissage des camions, à l'injection des bois, à la fabrication des encres d'imprimerie, à la préparation de mauvaises peintures qui s'écaillent, à la falsification de l'huile de lin.

7. Caractères, altérations et falsifications de l'essence de térébenthine. — L'essence de térébenthine a une densité de 0,858; elle bout à 156°: elle est constituée par du carbure d'hydrogène (88 pour 100 de carbone et 12 pour 100 d'hydrogène); elle brûle avec une flamme fuligineuse, à moins que la combustion ne soit activée par un courant d'air. Quand l'essence s'enflamme, il ne faut pas chercher à l'éteindre en soufflant: on aviverait la combustion.

L'essence de térébenthine peut cesser d'être loyale et marchande :

1° Par suite d'une fabrication défectueuse qui fait passer à la distillation de la gemme ou de la colophane qui se dissolvent dans l'essence;

2° Par suite d'une altération naturelle qui transforme à la longue l'essence laissée au contact de l'air en un liquide jaune, visqueux et acide;

3° Par suite d'additions frauduleuses de divers liquides tels que l'essence de résine, l'huile de résine, les huiles grasses, l'huile de pétrole, l'alcool, l'éther de pétrole, la benzine et le sulfure de carbone.

Certains défauts d'origine naturelle ou frauduleuse peuvent être décelés par des procédés simples. Ainsi, l'essence qui renferme des huiles grasses ou de l'huile de résine laisse en s'évaporant une tache sur le papier buvard.

Agitée avec de l'eau, l'essence pure se sépare rapidement en laissant à l'eau sa limpidité: au contraire, l'essence additionnée d'alcool donne, par agitation, une eau laiteuse.

Nous avons montré (Congrès de chimie, Paris, 1900) l'importance du dosage de l'acidité pour l'appréciation de la qualité des essences. Une essence dont l'acidité dépasse 0 gr. 6 de soude par litre peut être classée dans l'un des groupes suivants : vieilles essences: essences fraîches de tête ou de queue de distillation: essences fraîches mal fabriquées et souillées de gemme ou de colophane; essences falsifiées avec de l'essence de résine.

La recherche de certains adultérants ne peut être entreprise que dans les laboratoires et même dans des établissements spéciaux, comme le Laboratoire des résines de la Faculté de Bordeaux.

8. Emplois agricoles des résines. — *L'essence de térébenthine* est employée dans les vernis, les peintures, l'art vétérinaire.

A l'extérieur, elle constitue un excellent et parfois violent révulsif contre les boiteries et les fourbures. A l'intérieur et à l'extérieur, elle est employée comme antiparasitaire et vermifuge. La dose interne est de 30 grammes pour le cheval. Administrée à l'intérieur, l'essence communique aux urines une odeur de violette.

Les produits secs, *brais et colophanes*, sont employés en agriculture pour la préparation des mastics à greffer, des mastics pour luter les cuves en bois, des cires à cacheter les bouteilles, des foyers résineux destinés à produire des nuages artificiels, etc.

Un mastic à greffer est obtenu en faisant fondre à feu doux l'un des mélanges suivants :

1				2		
Résine	125			Poix noire	40
Poix	75			Poix jaune	10
Suif	25			Blanc d'Espagne	20
Ocre en poudre	50			Essence de térébenthine	20

L'essence de térébenthine est ajoutée quand le mélange est retiré du feu.

Un mastic pour luter le fond des cuves en bois est obtenu en faisant fondre à feu doux : résine jaune 60; poix noire 20; suif 20. Le mélange gonfle beaucoup. On le coule à chaud dans les joints du fond. Les joints latéraux sont passés à la colle de pâte additionnée de 10 pour 100 de suif.

L'une des formules suivantes permet de préparer une cire à cacheter les bouteilles :

1.		2.		3.	
Colophane	10	Colophane	60	Résine	85
Poix	5	Cire	25	Paraffine	15
Cire	10	Suif	15		

Après fusion, on colore avec 5 à 10 pour 100 de noir de fumée, de jaune de chrome, de bleu de Prusse, de minium pour le rouge, de bleu de Prusse et d'ocre jaune mélangés pour le vert.

TABLE ALPHABÉTIQUE

TABLE DES MATIÈRES

CHAPITRE II

Macération ou enfleurage à chaud.

CHAPITRE III

Enfleurage.

CHAPITRE IV

Dissolvants volatils.

CHAPITRE V

Expression.

TROISIEME PARTIE

CHAPITRE I

CHAPITRE II

CHAPITRE III

CHAPITRE IV

L'ESSENCE DE TÉRÉBENTHINE

6242. — Imprimerie LAHURE, 9, rue de Fleurus, à Paris.

www.ingramcontent.com/pod-product-compliance
Lightning Source LLC
LaVergne TN
LVHW012008180726
843502LV00005B/1596